JN268443

土木練習帳
－コンクリート工学－

吉川　弘道・井上　　晋
久田　　真・栗原　哲彦

著

共立出版株式会社

|JCOPY| <出版者著作権管理機構委託出版物>
本書の無断複製は著作権法上での例外を除き禁じられています．複製される場合は，そのつど事前に，出版者著作権管理機構（ＴＥＬ：03-5244-5088，ＦＡＸ：03-5244-5089，e-mail：info@jcopy.or.jp）の許諾を得てください．

序　文

「問題を解きながら，考える．内容を整理して，また解く」──これは，工学のみならず，私たちが，日頃，実践してきた学習方法です．このことを念頭に，大学課程のコンクリート工学を対象とした問題158問を作成精選し，ここに『土木練習帳－コンクリート工学－』として出版することになりました．

本書の構成／特徴／使い方は，以下のとおりです．

- コンクリート工学を，第1部：材料／施工，第2部：構造／設計，の2部構成，合計15章にわけ，役に立つ問題，理解するための問題を提供しています．
- 本書は単なる演習書ではなく，各章が次のように構成されています．
 「Key Points」：まず，その章のキーワードを確認する．
 「学習の要点」：学習内容を復習再整理して，要点をまとめる．
 「例題」：主要問題を解いて，基本事項が身についているかを再確認．
 「練習問題」：各章10問前後の問題を，片っ端から解いていく．
- 本書の問題は，大学・高専の学生，公務員試験準備中の方，種々の資格試験を目指す若きエンジニアを対象としたもので，解いて身につくことを念頭に編纂したつもりです．
- 現行の土木学会示法書に準拠し，国際SI単位を使用しています．

このような趣旨を意図した『土木練習帳－コンクリート工学－』ですが，教育最前線の先生方，学習意欲旺盛なる学生諸君，現業のエンジニアの方々からのご批判とご教示によって，本書の更なる発展を期待しています．

また，著者4名は，本書の企画／出版のすべてを面倒見ていただいた，共立出版(株)出版企画部の石井徹也氏に感謝申し上げます．

2003年5月

著者代表　吉川弘道

目　次

第1編　材料/施工　　　　　　　　　　　　　　　1

第1章　材料　　　　　　　　　　　　　　　3
第2章　配合　　　　　　　　　　　　　　　15
第3章　フレッシュコンクリート　　　　　　25
第4章　施工　　　　　　　　　　　　　　　33
第5章　硬化コンクリート　　　　　　　　　43
第6章　耐久性　　　　　　　　　　　　　　55
第7章　各種コンクリート　　　　　　　　　67

第2編　構造/設計　　　　　　　　　　　　　　81

第8章　鉄筋コンクリートの特徴　　　　　　83

第9章	コンクリートと鉄筋の材料力学	95
第10章	鉄筋コンクリートの設計法	109
第11章	曲げモーメントを受ける部材	121
第12章	軸力と曲げモーメントを受ける部材	139
第13章	せん断力を受ける部材	153
第14章	ひび割れと変形	171
第15章	疲労荷重を受ける部材	185
付録1	セメント・コンクリートに関する規準・示方書	197
付録2	構造・設計に用いる記号	201
付録3	計算に用いる異形鉄筋の諸元	207
索　引		209

　本書の練習問題全問の解答と解説を以下のホームページに掲載していますので，ご活用ください。

　武蔵工業大学 都市基盤工学科『もっと知りたいコンクリート講座』
　　http://c-pc8.civil.musashi-tech.ac.jp/RC/index.htm

　大阪工業大学 都市デザイン工学科 コンクリート工学・コンクリート構造学研究室
　　http://www.oit.ac.jp/civil/~material/

第1編
材料／施工

**小樽港百年耐久性試験の発案者 廣井 勇博士と
モルタルブリケット**

日清戦争終結後間もない明治29（1896）年に，廣井勇博士（写真）の発案により，北海道の小樽港においてコンクリートの長期耐久性試験（通称，百年耐久性試験）が開始された。この百年耐久性試験は，開始当時，様々な材料と配合のモルタルブリケット（試験体，写真）を約60000個作製して開始された。試験は現在もなお継続中であり，コンクリートに関する耐久性試験の中では世界最長のものである。

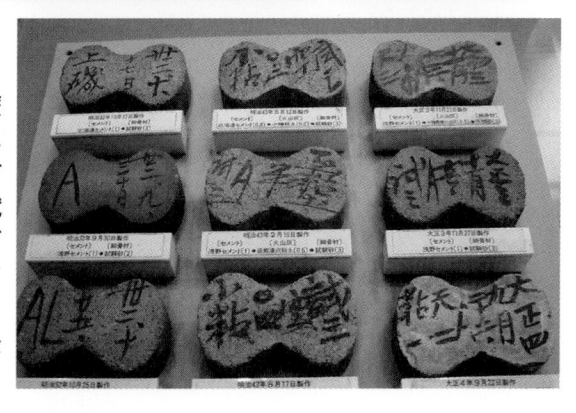

第1章 材料

Key Points

・コンクリート材料の種類と特徴
・材料の使用方法とその効果
・骨材の含水状態
・コンクリートの材料構成

シリカフュームの電子顕微鏡写真

シリカフュームは,フェロシリコン等を製造する際にダスト(煙)として排出されるものを集塵して得られるコンクリート用混和材である。平均粒径が0.1μmと非常に細かく,タバコの煙程度の粒子である。

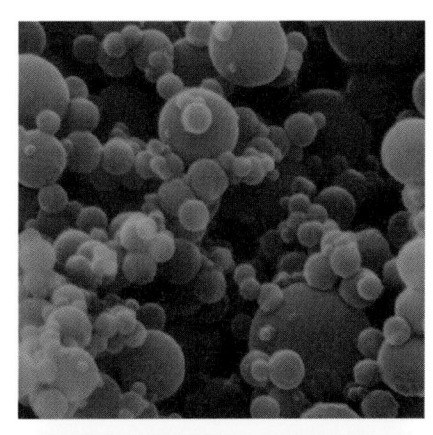

粗骨材(砕石)

従来から,コンクリートに用いられる骨材は,河川等で採取される玉砂利であったが,河川環境の保全の観点などから,今日では大きな岩石を砕いた砕石が用いられている。写真の砕石は硬質砂岩を砕いて製造された砕石。

学習の要点

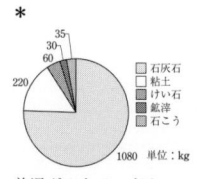

（1）セメント

◆セメントの種類
①ポルトランドセメント：普通ポルトランドセメント，早強ポルトランドセメント，中庸熱ポルトランドセメントなど
②混合セメント：高炉セメント，シリカセメント，フライアッシュセメント
③その他のセメント：アルミナセメント，超速硬セメント，膨張セメントなど

◆セメントの主な性質
①物理的性質：密度，粉末度，凝結，安定性，収縮，強さなど
②化学的性質：酸化物表記（SiO_2，CaO，Al_2O_3 など），組成鉱物表記（エーライト（C_3S），ビーライト（C_2S），フェライト相（C_4AF）およびアルミネート相（C_3A））

◆セメントの水和反応と硬化体の性質
①主な水和物：水酸化カルシウム（$Ca(OH)_2$，CH），けい酸カルシウム水和物（$nCaO \cdot SiO_2 \cdot mH_2O$，CSH），モノサルフェート（$3CaO \cdot Al_2O_3 \cdot 3CaSO_4 \cdot 12H_2O$，AFm）
②凝結・硬化：セメントが水と反応して次第に流動性を失い硬化してゆく初期段階

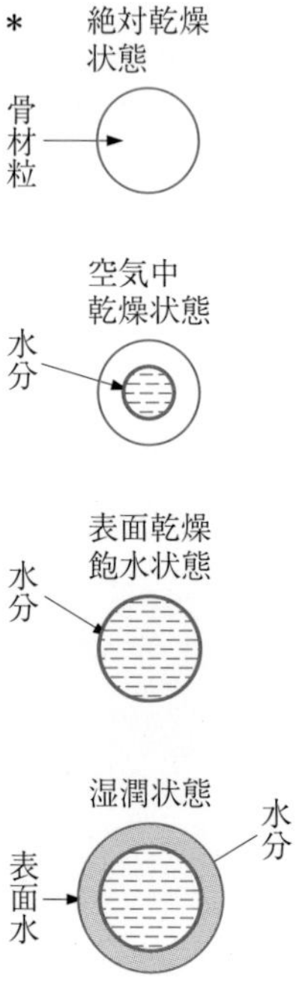

（2）骨材

◆細粗骨材の区分
①細骨材：10 mm ふるいを全部通り，5 mm ふるいを質量で 85% 以上通過するもの
②粗骨材：5 mm ふるいに質量で 85% 以上留まるもの

◆骨材の種類
①海砂・山砂，②砕石・砕砂，③スラグ骨材，④軽量骨材・重量骨材，⑤再生骨材など

---

*
普通ポルトランドセメントを 1000 kg 作るのに必要な原材料
（石灰石, 粘土, けい石, 鉱滓, 石こう）
1080, 220, 60, 30, 35　単位：kg

* $C_3S : 3CaO \cdot SiO_2$
$C_2S : 2CaO \cdot SiO_2$
$C_4AF : 2CaO \cdot Al_2O_3 \cdot Fe_2O_3$
$C_3A : 3CaO \cdot Al_2O_3$

* 絶対乾燥状態（骨材粒）
空気中乾燥状態（水分）
表面乾燥飽水状態（水分）
湿潤状態（水分・表面水）

◆骨材の含水状態
①絶対乾燥状態（絶乾状態），②空気中乾燥状態（気乾状態），③表面乾燥飽水状態（表乾状態），④湿潤状態

◆骨材の主な性質
①密度，②単位容積質量，③耐久性，④粒度，⑤最大寸法，⑥有害物，⑦化学的・物理的安定性，⑧すりへり抵抗性

(3) 補強材

◆鋼材
①鉄筋（異形鉄筋，丸鋼など），②PC鋼材（PC棒鋼，PC鋼より線など），③鉄骨

◆連続繊維補強材
①無機系（炭素繊維，ガラス繊維など），②有機系（アラミド繊維，ビニロン繊維など）

◆その他の補強材
①溶接金網，②鉄筋格子，③鋼繊維など

(4) 混和材料

◆混和材料の区分
①混和剤：配合設計時に体積を考慮しない．
②混和材：配合設計時に体積を考慮する．

◆主な混和剤の種類と特徴
①AE剤（連行空気の導入），②減水剤（水量の低減），③AE減水剤（連行空気＋水量低減），④高性能減水剤（水量の大幅な低減），⑤高性能AE減水剤，⑤流動化剤，⑥防せい剤

◆主な混和材の種類
①フライアッシュ，②高炉スラグ微粉末，③シリカフューム，④石灰石微粉末，など．使用目的は高強度化，流動性確保，耐久性向上など

＊鉄筋コンクリート用棒鋼
　JIS G 3112
PC鋼材
　JIS G 3536
　JIS G 3109
　JIS G 3127

＊JIS：日本工業規格
　（Japanese Industial Standards）
分類：A（土木及び建築）
　　　G（鉄鋼）
　　　R（窯業）

＊AE剤:Air entraining agent
減水剤:Water reducing agent

（5）コンクリートの材料構成

セメントペースト：水＋セメント
セメントモルタル：水＋セメント＋砂（細骨材）
コンクリート：水＋セメント＋砂（細骨材）＋砂利（粗骨材）

第1章　材料

例題 1-1

ポルトランドセメントに関する以下の記述について，空欄にふさわしい語句を一覧から選べ．

早強セメントは，普通ポルトランドセメントよりも [(a)] の含有率が多いので早期強度が得られる．また，中庸熱セメントは，収縮の低減ならびに耐硫酸塩性が向上するように [(a)] および [(b)] を減少させ，かつ [(c)] および [(d)] を増量している．低熱セメントには [(c)] が40％以上含有しているので，発熱しにくく長期強度が期待できる．耐硫酸塩セメントは，化学抵抗性を増大させるために，普通ポルトランドセメントに比べて [(d)] を増量し，[(b)] を減らしている．

語句群：
C_3S, C_2S, C_4AF, C_3A

解説

セメント成分の表記方法は，酸化物として表記されるほか，クリンカー*の組成化合物として表記される場合が多い．セメントクリンカーの組成化合物をまとめると下表のようになる．

組成物	化合物名称	略号	化学式
けい酸三カルシウム	エーライト	C_3S	$3CaO \cdot SiO_2$
けい酸二カルシウム	ビーライト	C_2S	$2CaO \cdot SiO_2$
鉄アルミン酸四カルシウム	フェライト相	C_4AF	$4CaO \cdot Al_2O_3 \cdot Fe_2O_3$
アルミン酸三カルシウム	アルミネート相	C_3A	$3CaO \cdot Al_2O_3$

*クリンカー
セメントの原料となる石灰石や粘土などを焼成して得られる．クリンカーにせっこうなどを添加し粉砕したものがセメントとなる．

正解 ▷ (a) C_3S　(b) C_3A　(c) C_2S　(d) C_4AF

例題 1-2

コンクリートに用いる骨材に関する記述のうち，正しいものはどれか．

a. 多少でも塩分（NaCl量に換算）を含む海砂は，鉄筋コンクリート用骨材として使用できない．

b. 土木学会コンクリート標準示方書施工編では，細・粗骨材とも絶乾比重は 2.50 g/cm³ 以上，吸水率は細骨材 3.5%以下，粗骨材 3.0%以下のものを用いることを標準としている．
c. 砕砂を用いたコンクリートは，川砂を用いた場合に比べ，同等のワーカビリティーを得るには，単位水量を少なくできる．
d. コンクリート用粗骨材とは，10 mm ふるいに重量で 85%以上とどまる骨材のことをいう．
e. 一般に砕石コンクリートは，同じ水セメント比の川砂利コンクリートに比べて，圧縮強度は小さい．

解説

a. 誤 り：海砂の塩分含有量が NaCl 換算で細骨材の絶乾質量の 0.04%以下であれば，使用することができる（JIS A 5308（レディーミクストコンクリート））．
b. 正しい
c. 誤 り：砕砂は骨材のかみ合いなどによってワーカビリティーは悪くなる．したがって，川砂利コンクリートと同等のワーカビリティーを得るには，単位水量を増加させる必要がある．
d. 誤 り：コンクリート用粗骨材は，5 mm ふるいに重量で 85%以上とどまる骨材のことをいう．
e. 誤 り：砕石コンクリートの強度は，川砂利コンクリートより 15～30%大きくなる．これは，砕石とモルタルのかみ合いや，砕石表面が粗いためモルタルとの付着が良くなるためである．

正解 ▷ b

例題 1-3

コンクリートに使用する混和剤に関する次の記述のうち，不適当なものはどれか．

a. AE 剤は，コンクリート中に微小で独立した空気泡を連行させ，コンクリートの耐凍害性を著しく改善させる．
b. 減水剤は，セメント粒子を静電気的作用により互いに反発させ，

コンクリートの単位水量を減少させる．
c. AE減水剤は，AE剤と減水剤双方の効果を併せ持ち，減水効果が大きい．
d. 高性能AE減水剤は，AE減水剤をさらに高性能化したものであり，著しく減水効果が大きい．

解答群：
① a　② b　③ c　④ d　⑤ すべて正しい

解説

a. 正しい：下図のように，3〜6%の空気量で対凍害性は飛躍的に改善される．
b. 正しい：減水剤は，セメント粒子の表面に吸着し，静電気的な反発作用により，セメント粒子を互いに分散させる効果を有している．
c. 正しい
d. 正しい：AE減水剤よりの高い減水効果とスランプ保持性を有している．

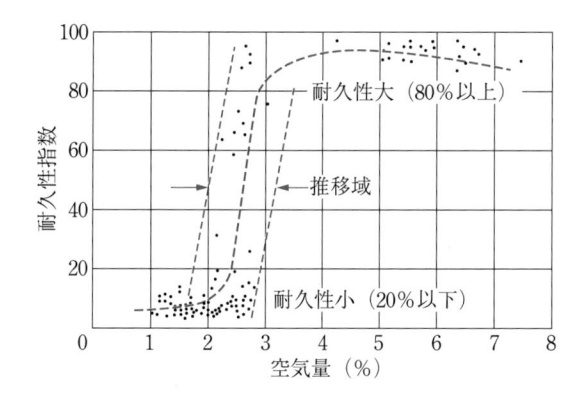

正解 ▷ ⑤

【練習問題 1-1】

ある市販の普通ポルトランドセメントの化学成分を分析したところ，表のような結果が得られた．このセメントが低アルカリ形セメントであるかどうかを判定せよ．

表　セメントの化学成分分析結果

項目	Ig. loss	Insol.	主な化学成分（％）							
			SiO_2	Al_2O_3	Fe_2O_3	CaO	MgO	SO_3	Na_2O	K_2O
分析結果	0.9	0.1	21.8	5.1	3.0	63.8	1.7	2.0	0.45	0.21

ヒント

セメント中のアルカリ量の換算は，Na_2O 等量で行う．

【練習問題 1-2】

コンクリートに使用するセメントの品質や基礎物性を把握するためにJISで定められている試験を3つ挙げ，それぞれについて試験の目的を100字以内で簡単に説明せよ．なお，試験方法の名称については，JISで定められている正確なものでなくても良い．

ヒント

セメントに関する規格は重要なものが多いので整理しておこう．

【練習問題 1-3】

セメントに関する次の記述のうち，誤っているものはどれか．

a. ポルトランドセメントの主原料のうち最も多いのは石灰石である．
b. セメントの粉末度が高いと凝結が早くなる．
c. セメントの粉末度が高いと一般にブリーディングが多くなる．
d. セメントの主要組成化合物であるけい酸三カルシウム（C_3S）およびけい酸二カルシウム（C_2S）では，C_2S のほうが水和反応速度が遅い．

e. セメントの強さは，セメントペーストの強さではなく，モルタルの強さで表される．

> **ヒント**
> 「学習の要点」を読み直そう

【練習問題 1－4】

コンクリートを製造する際に使用する細骨材および粗骨材のふるい分け試験を行い，表のような結果を得た．これを参考にして，以下の設問に答えよ．

(1) 粗骨材の最大寸法はいくらか．
(2) 粗骨材の粗粒率を求めよ．
(3) 細骨材の粗粒率を求めよ．

ふるい目 (mm)	残留百分率 (%) 粗骨材	残留百分率 (%) 細骨材
50	0	0
40	5	0
20	57	0
10	82	0
5	97	3
2.5	100	11
1.2	100	30
0.6	100	52
0.3	100	79
0.15	100	95
受け皿	100	100

【練習問題 1－5】

骨材の湿潤状態について図示しながら説明せよ．

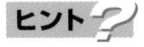

> **ヒント**
> 「学習の要点」を再度，読み直そう．

【練習問題 1−6】

コンクリート用材料として入手した砕石粗骨材を調べたところ，乾燥時の単位容積質量は $1.67\ \mathrm{kg}/\ell$，表乾密度は $2.65\ \mathrm{g/cm^3}$，吸水率は $1.62\ \%$ であった．この砕石の実積率と空隙率を求めよ．

【練習問題 1−7】

以下の記述のうちで，不適切なものはどれか．

a. 炭素繊維は $5\sim20\ \mu\mathrm{m}$ 程度の不完全な黒鉛微結晶の集合体からなり，原料により PAN 系とピッチ系に分類される．
b. アラミド繊維は芳香族ポリアミド繊維の略称であり，製造方法と分子構造の異なる2種類のバラ型繊維が使用されている．
c. ビニロン繊維は強度において炭素繊維やアラミド繊維よりも優れているが，セメント系マトリックスに対する付着性が劣っている．
d. ガラス繊維はその他の連続繊維よりも高強度で靭性も大きく，価格が最も安いという利点を持つ．

> **ヒント**
> 各繊維の特徴を勉強してから挑戦しよう．

【練習問題 1−8】

以下の文章の空欄にふさわしい語句を入れよ．

　フレッシュ時あるいは硬化後のコンクリートのさまざまな性能を向上させる目的で，コンクリートに混和材を用いるのが一般的であり，混和材はポゾランやその他の鉱物質微粉末，膨張材などに分類される．代表的なポゾランのうち，　(a)　は，火力発電所の微粉炭燃焼ボイラから出る排出ガス中に含まれている灰の微粉粒子を集塵機で捕集したも

のののことをいい，(b) は，シリコンやフェロシリコンなどのけい素合金を電気炉で製造する際に，排出ガス中に浮遊する微粉を集塵機で捕集したもののことをいう．

また，鉱物質微粉末の代表的なものとして (c) があるが，これは溶鉱炉において銑鉄と同時に生成する溶融状態のものを水によって急冷した後，さらに乾燥，粉砕したものであり，別途せっこうを添加することもある．

さらに，膨張材は，化学反応によって水和物を生成する際の膨張現象を利用してモルタルやコンクリートを膨張させる作用のある混和材であり，代表的なものとして，コンクリートの硬化や乾燥に伴なう収縮現象を抑制する目的で使用される (d) がある．

【練習問題 1–9】

高性能 AE 減水剤の作用機構について，以下の語句を説明せよ．
(1) 静電気的な分散作用
(2) 立体障害作用

ヒント

例題 1–3 参照．

【練習問題 1–10】

コンクリートに使用する練り水に関する次の記述のうち，不適当なものはどれか．

a. 上水道水を用いる場合でも規定の試験を行い，その品質を確認してからでなくてはコンクリート用練り水に用いることはできない．
b. 上水道水以外の水は，いかなる場合も使用することはできない．
c. 塩化物イオン（Cl^-）量は，200 ppm 以下でなければならない．
d. 懸濁物質の量は 2 g/ℓ 以下でなければならない．

解答群：

① a, c　② a, b　③ b, c　④ c, d　⑤ a, d

ヒント?

飲料水は，コンクリートにとっては悪？

第2章 配合

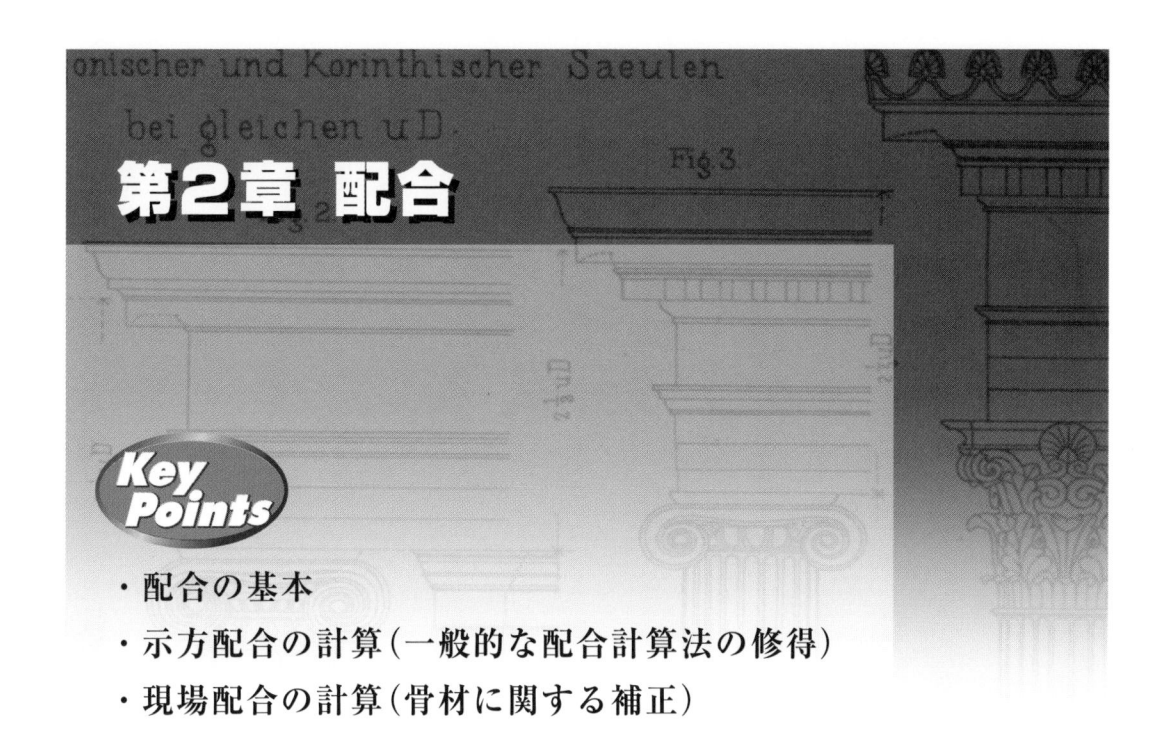

Key Points

- 配合の基本
- 示方配合の計算(一般的な配合計算法の修得)
- 現場配合の計算(骨材に関する補正)

水平2軸型ミキサの内部
水平2軸型のミキサは,写真のように練混ぜ室に水平に2本の軸を持ち,一定の間隔で練混ぜ用のブレード(羽)がついているのが特徴である。
コンクリート材料を練混ぜる際に用いられるミキサには,水平2軸型ミキサのほか,パン型強制練りミキサ,重力式ミキサなどがある。

学習の要点

◆配合の基本

(1) コンクリートの配合

コンクリートの配合は，所要の施工性，力学的性能，耐久性，およびその他の性能を満足する範囲内で，単位水量をできるだけ少なくするように定める．

(2) 示方配合と現場配合

示方配合：示方書あるいは責任技術者によって指示される配合

現場配合：示方配合となるように，現場における材料の状態および計量方法に応じて定める配合

(3) 配合の表し方

* W : Water
  C : Cement
  F : Filler
  S : Sand
  G : Gravel
  A : Admixture

粗骨材の最大寸法	スランプの範囲	水セメント比	空気量	細骨材率	単位量 (kg/m³)					
					水	セメント	混和材	細骨材	粗骨材 G	混和剤
(mm)	(cm)	W/C (%)	(%)	s/a (%)	W	C	F	S	mm~mm	A

＊英字について，**大文字は質量**を，**小文字は体積**を示す．よって，s/a は体積比である．

◆配合設計の流れ

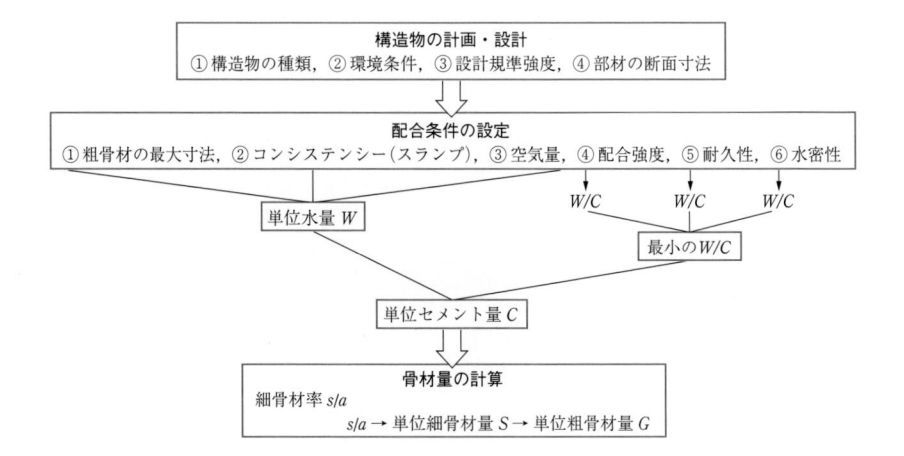

```
構造物の計画・設計
①構造物の種類，②環境条件，③設計規準強度，④部材の断面寸法
          ↓
配合条件の設定
①粗骨材の最大寸法，②コンシステンシー(スランプ)，③空気量，④配合強度，⑤耐久性，⑥水密性
    ↓                              ↓    ↓    ↓
単位水量 W                         W/C  W/C  W/C
                                      ↓
                                   最小の W/C
          ↓
単位セメント量 C
          ↓
骨材量の計算
細骨材率 s/a
  s/a → 単位細骨材量 S → 単位粗骨材量 G
```

◆配合の補正

粗骨材の最大寸法 (mm)	単位粗骨材容積 (%)	AEコンクリート				
		空気量 (%)	AE剤を用いる場合		AE減水剤を用いる場合	
			細骨材率 s/a(%)	単位水量 W(kg)	細骨材率 s/a(%)	単位水量 W(kg)
15	58	7.0	47	180	48	170
20	62	6.0	44	175	45	165
25	67	5.0	42	170	43	160
40	72	4.5	39	165	40	155

1) この表に示す値は，全国の生コンクリート工業組合の標準配合などを参考にして決定した平均的な値で，骨材として普通の粒度の砂（粗粒率 2.80 程度）および砕石を用い，水セメント比 0.55 程度，スランプ約 8cm のコンクリートに対するものである．
2) 使用材料またはコンクリートの品質が，1) の条件と相違する場合には，上記の表の値を下記により補正する．

区分	s/a の補正 (%)	W の補正 (%)
砂の粗粒率が 0.1 だけ大きい（小さい）ごとに	0.5 だけ大きく（小さく）する	補正しない
スランプが 1cm だけ大きい（小さい）ごとに	補正しない	1.2%だけ大きく（小さく）する
空気量が 1%だけ大きい（小さい）ごとに	0.5〜1 だけ小さく（大きく）する	3%だけ小さく（大きく）する
水セメント比が 0.05 大きい（小さい）ごとに	1 だけ大きく（小さく）する	補正しない
s/a が 1%大きい（小さい）ごとに	−	1.5 kg だけ大きく（小さく）する
川砂利を用いる場合	3〜5 だけ小さくする	9〜15 kg だけ小さくする

なお，単位粗骨材容積による場合は，砂の粗粒率が 0.1 だけ大きい（小さい）ごとに単位粗骨材容積を 1%だけ小さく（大きく）する．

◆現場配合の計算

（1）骨材中の過大粒，過小粒に対する補正
（2）表面水量に対する補正

例題 2-1

コンクリートの配合に関する次の記述中のa. b.に該当する語句を答えよ．

「コンクリートの配合は，所要の強度，耐久性，水密性，ひび割れ抵抗性，鋼材を保護する性能および作業に適する　(a)　をもつ範囲内で，　(b)　をできるだけ少なくするよう，これを定めなければならない．」

正解 ▷

(a) ワーカビリティー
(b) 単位水量

例題 2-2

圧縮強度に基づいたコンクリートの配合設計の手順を簡潔に述べよ．ただし，セメントは普通ポルトランドセメント，細骨材は陸砂，粗骨材は普通砕石を用いることとする．また，目標スランプ，目標空気量，使用材料の諸物性値ならびに圧縮強度 $-C/W$ 直線はあらかじめ与えられているものとする．

*セメント水比説
一般に，コンクリートの圧縮強度はセメント水比 (C/W) に比例する．これをセメント水比説という．

● 解答例 ●

*コンクリートの圧縮強度は，セメント水比 (C/W) と比例関係にあるが，示方配合の場合には，その逆数である水セメント比 (W/C) で表すのが通常である．

① 圧縮強度 $-C/W$ 直線から，所定の圧縮強度が得られるように水セメント比を決定する．
② 粗骨材の最大寸法，単位粗骨材容積および目標空気量から単位水量および細骨材率を決定する．
③ 使用材料の物性値に基づいて単位水量および細骨材率の補正を行う．
④ ①および③から単位セメント量を決定する．
⑤ 単位水量，単位セメント量および目標空気量から骨材の絶対容積を求める．
⑥ 細骨材率に基づいて細骨材および粗骨材の単位量を決定する．

第2章　配合

例題 2−3

土木学会コンクリート標準示方書に準じたコンクリートの配合修正について，空欄に当てはまる組合せとして適当なものはどれか．

補正項目	細骨材率 (s/a) の修正	単位水量の修正
スランプを小さくする	補正しない	A
空気量を大きくする	B	C

解答群：

選択肢	A	B	C
a.	大きくする	補正しない	小さくする
b.	補正する	小さくする	大きくする
c.	小さくする	大きくする	補正しない
d.	小さくする	小さくする	小さくする
e.	小さくする	大きくする	補正しない

解説

土木学会コンクリート標準示方書では，配合修正は下表に従い行われる．

区分	s/a の補正 (%)	W の補正 (%)
砂の粗粒率が 0.1 だけ大きい（小さい）ごとに	0.5 だけ大きく（小さく）する	補正しない
スランプが 1 cm だけ大きい（小さい）ごとに	補正しない	1.2 % だけ大きく（小さく）する
空気量が 1 % だけ大きい（小さい）ごとに	0.5〜1 だけ小さく（大きく）する	3 % だけ小さく（大きく）する
水セメント比が 0.05 大きい（小さい）ごとに	1 だけ大きく（小さく）する	補正しない
s/a が 1 % 大きい（小さい）ごとに	−	1.5 kg だけ大きく（小さく）する
川砂利を用いる場合	3〜5 だけ小さくする	9〜15 kg だけ小さくする

なお，単位粗骨材容積による場合は，砂の粗粒率が 0.1 だけ大きい（小さい）ごとに単位粗骨材容積を 1 % だけ小さく（大きく）する．

正解 ▶ d.

【練習問題 2–1】

所定の材料を使用してコンクリートを製造し，材齢 28 日で圧縮強度試験を実施したところ，水セメント比が 50% で圧縮強度が $28\,\mathrm{N/mm^2}$，水セメント比が 40% で圧縮強度が $43\,\mathrm{N/mm^2}$ という結果を得た．コンクリートの圧縮強度とセメント水比 (C/W) との間に直線関係が成立すると仮定した場合，同じ材料を使用して材齢 28 日における圧縮強度が $40\,\mathrm{N/mm^2}$ となるコンクリートを製造するのに最適な水セメント比 (W/C) はいくらになるか．

ヒント

水セメント比と圧縮強度の関係に注目．それぞれを数式化すると？

【練習問題 2–2】

以下の示方配合を現場配合へ換算せよ．ただし，粗骨材は表面乾燥飽水状態であり，細骨材の表面水率は 2.3% である．

水	セメント	細骨材	粗骨材
168	373	625	1135

単位：$\mathrm{kg/m^3}$

ヒント

表面水率とは，骨材の表面に付着している水分量の割合を示したもので，質量率である．

【練習問題 2–3】

下記の条件をもとに，示方配合を算出せよ．

配合条件：

  構造物の環境条件 ： 普通
  設計基準強度 ： 30 N/mm²
  変動係数 ： 10％
  スランプ ： 10 cm
  空気量 ： 5％
  セメント ： 早強ポルトランドセメント（比重 3.13）
  細骨材 ： 川砂（比重 2.62，粗粒率 2.78）
  粗骨材 ： 砕石（比重 2.69，粗粒率 6.58，最大寸法 20 mm）
  AE 減水剤 ： セメント 1 kg あたり 2.5 cc 使用（比重 1.0）

材齢 28 日における圧縮強度 f'_{28} とセメント水比との関係：
$$f'_{28}\ (\text{N/mm}^2) = -19.5 + 30.0 \times (C/W)$$

ヒント

水セメント比は何から決める？ 配合の修正方法は？

【練習問題 2–4】

下表の示方配合をもとに，試し練りを行ったところ，スランプの値が目標値より 5 cm 大きかった．スランプが合うように示方配合を修正せよ．配合条件は練習問題 2–3 を参照

コンクリートの示方配合

粗骨材の最大寸法 (mm)	スランプの範囲 (cm)	水セメント比 W/C (%)	空気量 (%)	細骨材率 s/a (%)	単位量 (kg/m³)					
					水 W	セメント C	混和材 F	細骨材 S	粗骨材 G	混和剤 A
20	10	54	5	45.4	174	322	—	801	988	0.805

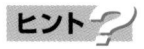

> **ヒント**
>
> 例題 2-3 の表を思い出せ．

【練習問題 2–5】

下表の示方配合に基づいてコンクリートを作製したところ，単位水量のみ間違えて 10％多く計量していたことが判明した．この場合，材齢 28 日における圧縮強度 f'_{28} の値と強度の低下率を推定せよ．
なお，設計基準強度 f'_{28} とセメント水比との関係については，下式を用いてよい．

材齢 28 日における圧縮強度 f'_{28} とセメント水比との関係：

$$f'_{28}\,(\mathrm{N/mm^2}) = -19.5 + 30.0 \times (C/W)$$

コンクリートの示方配合

粗骨材の最大寸法	スランプの範囲	水セメント比 W/C	空気量	細骨材率 s/a	単位量（kg/m³）					
					水 W	セメント C	混和材 F	細骨材 S	粗骨材 G	混和剤 A
(mm)	(cm)	(％)	(％)	(％)						
20	10	54	5	45.4	174	322	—	801	988	0.805

> **ヒント**
>
> 式を利用しよう．W/C と C/W の違いに注意！

【練習問題 2–6】

下表に示す示方配合に基づいてコンクリートを練り混ぜた結果，空気量が 4.0％となった．実際に練り上がったコンクリートの配合に関する次の記述のうち，正しいものはどれか．

ただし，セメントの密度は $3.16\,\mathrm{kg/m^3}$，細骨材の表乾密度は $2.62\,\mathrm{kg/m^3}$，粗骨材の表乾密度は $2.67\,\mathrm{kg/m^3}$ とする．

第 2 章　配合

水セメント比 (%)	空気量 (%)	単位量 (kg/m³)			
		水	セメント	細骨材	粗骨材
55.0	5.0	173	315	786	1007

a. 細骨材率は 43.8％である．
b. 単位セメント量は 321 kg/m³ である．
c. 単位細骨材量は 797 kg/m³ である．
d. 単位粗骨材量は 1018 kg/m³ である．

(平成 11 年度コンクリート技士試験問題)

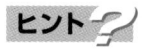

ヒント

空気量 1％は，何 ℓ か？

【練習問題 2−7】

下表に示す示方配合のコンクリートに関する次の記述のうち，不適当なものはどれか．ただし，セメントの比重は 3.16，細骨材の表乾比重は 2.57，粗骨材の表乾比重は 2.67 である．

単位量 (kg/m³)				AE 減水剤 ($C\times\%$)
水	セメント	細骨材	粗骨材	
180	383	766	951	0.02

a. 水セメント比は，47.0％である．
b. 細骨材率は，44.6％である．
c. 空気量は，4.5％である．
d. コンクリートの単位容積質量の計算値は，2280 kg/m³ である．

(平成 9 年度コンクリート技士試験問題)

ヒント

重量比と容積比の区別を!!

【練習問題 2-8】

表aの示方配合が与えられているとき，現場で使用する骨材が表bの条件であった場合，現場配合を求めよ．

表a　コンクリートの示方配合

単位量 (kg/m³)				AE減水剤
水	セメント	細骨材	粗骨材	($C×\%$)
182	316	797	1016	0.25

表b　使用骨材の条件

骨材別	5mmふるいを通る量	5mmふるいにとどまる量	表面水率
細骨材	95%	5%	4%
粗骨材	10%	90%	1%

ヒント

5mmふるいを通るものは細骨材，5mmふるいに留まるものは粗骨材である．

第3章 フレッシュコンクリート

Key Points

- フレッシュコンクリートの性質
- フレッシュコンクリートの性質に影響を与える要因
- 材料分離とその影響
- フレッシュコンクリート中の空気の役割

**スランプ8cm程度のコンクリートの
スランプ試験の状況**

※第7章「各種コンクリート」の
高流動コンクリートの写真と比較
してみよう。

学習の要点

◆フレッシュコンクリートとは

練混ぜ終了時点から，運搬され，型枠際に打設されて，凝結・硬化に至るまでのコンクリートをフレッシュコンクリート（fresh concrete）という．

◆フレッシュコンクリートの性質

コンシステンシー（consistency）：変形あるいは流動に抵抗する性質

ワーカビリティー（workability）：コンシステンシーおよび材料分離に抵抗する性質

フィニッシャビリティー（finishability）：コンシステンシーなどによる仕上げのしやすさ

プラスティシティー（plasticity）：材料分離が生じない状態で変形することができる性質

*コンパクタビリティー
　締固めやすさを示す
　プレーサビリティー
　打ち込みやすさを示す
　ポンパビティー
　ポンプ圧送の過程を示す

◆フレッシュコンクリートの性質に影響を与える要因

セメント：使用量が多いほどワーカブルなコンクリートが製造できる．

水量：使用量が多いとコンシステンシーが増大する（作業がしやすい）が，材料が分離しやすい．

細骨材：細骨材の 0.15～0.30 mm の範囲の混入量が少ないとワーカビリティーは低下する．

粗骨材：粒度分布が不連続であるとワーカビリティーが低下する．また，粒形が丸い粗骨材はワーカビリティーを改善させる．

混和材：フライアッシュの利用はワーカビリティーを改善させる．

混和剤：AE 剤の使用はワーカビリティーを改善させる．

温度：温度が高いとワーカビリティーは低下する．

*コンシステンシーの測定方法
・スランプ試験
・スランプフロー試験
・振動台式コンシステンシー試験など

◆材料の分離

材料分離（segregation）：材料の密度差によって，貧配合のコンクリートや練混ぜ時間の不十分なコンクリート中の材料（特に粗骨材とモルタル分）が分離する現象．

ブリーディング（bleeding）：打設後にコンクリートの上面に水が浮いてくる現象．

レイタンス（laitance）：ブリーディングによってコンクリート表面に浮き出て沈殿した微細な物質．

◆フレッシュコンクリート中の空気の役割

エントレインドエア（entrained air）：AE効果のある混和剤を使用して得られる微小な空気泡で，フレッシュコンクリートのワーカビリティーを改善する．

エントラップトエア（entrapped air）：コンクリート練混ぜ時に閉じ込められる$100\mu m$以上の大きな空気泡で，コンクリートの品質を改善しない．一般のコンクリートでは，空気量は3～6％とするのが標準である．空気量の少ないコンクリートは，十分なワーカビリティーが得られにくく，硬化後の耐凍害性に劣る．

例題 3–1

コンクリートのスランプに関する記述のうち，不適当なものの組合せが正しいものどれか．

a. スランプが大きいほど，硬化後の乾燥収縮は小さい．
b. スランプ試験において，スランプコーンを引き上げる時間は，高さ30cmで2〜3秒である．
c. コンクリートの運搬中のスランプ低下は，運搬時間が長く，気温が高いほど大きい．
d. コンシステンシーを測定する試験は，スランプ試験のみである．
e. スランプ低下したコンクリートに水を加えると，スランプは回復するが，コンクリートの強度は低下する．

解答群：
① a, d ② b, d ③ b, c ④ a, c ⑤ c, d

解説

a. **誤 り**：コンクリートの乾燥収縮は，主としてセメントペーストの収縮によるものである．したがって，単位水量による影響が最も大きく，水量の多いスランプの大きいコンクリートほど乾燥収縮は大きくなる．
b. **正しい**：スランプコーンを引き上げる速度が速いと一般にスランプは大きくなり，遅いと小さくなるので，引き上げる時間を2〜3秒と定めている．
c. **正しい**：練混ぜ後の経過時間が長くなるほど，また外気温が高くなるほどスランプ低下は大きくなる．
d. **誤 り**：スランプ試験以外のコンシステンシー試験として，振動台コンシステンシー試験，フロー試験，球貫入試験，などがある．
e. **正しい**：水量を追加すると，水セメント比が大きくなり，コンクリートの強度をはじめとする品質が大きく低下する．

正解 ▷ ①

第3章 フレッシュコンクリート

> **例題 3–2**
> 以下の語句について100字程度で説明せよ．
> (1) ブリーディング
> (2) エントレインドエア

解説

（1）フレッシュコンクリートが型枠に打設され，粒子が沈降してコンクリートが収縮することを沈降収縮（settlement shrinkage）という．また，ブリーディングによってコンクリート表面に浮かび出て，表面に沈殿した微細な物質をレイタンス（laitance）という．

（2）フレッシュコンクリートの性質は，コンクリート中の空気泡の存在状態に大きく影響を受ける．フレッシュコンクリート中の空気は，流動性や硬化後の性能を確保する目的で，化学混和剤などを使用して意図して連行させ，気泡径の比較的小さく球状で独立した空気（エントレインドエア）と，練混ぜ中や運搬中に，意図せずして連行されてしまうような，気泡径が粗大で形状が不規則な空気（エントラップトエア）がある．エントレインドエアは，球状をしているので，ボールベアリング効果によってフレッシュコンクリートの流動性を改善し，効果後の凍結融解抵抗性を向上させるが，材料条件，配合条件などに大きく左右されやすい．

解答例

(1) コンクリートを打設した後，水が分離上昇してコンクリートの上面に浮いてくる現象のこと．ブリーディングが多いとコンクリート上面は多孔質となり，内部鉄筋の下部または粗骨材の下面に空隙を生じやすい．(99字)

(2) AE剤または高性能AE減水剤などによってフレッシュコンクリート中に連行される空気泡．適度なエントレインドエアを連行すれば，フレッシュコンクリートのワーカビリティーが改善され，材料分離が低減される．(98字)

【練習問題 3-1】

通常の普通コンクリートを対象にする場合，ブリーディングに関する下記の記述のうち，不適当なものはどれか．

a. コンクリート打設後に，水およびセメントや砂の微粒分が上昇し，骨材，セメント粒子は沈降する．こうしてコンクリート表面に水が浮き出てくる現象をブリーディング（bleeding）という．
b. コンクリートの温度が高くなると，ブリーディング量は減少する．
c. セメントの比表面積が大きいほど，ブリーディング量は減少する．
d. 一般に単位水量が多いと，ブリーディングしやすくなる．
e. ブリーディング量の多少にかかわらず，沈下ひび割れが発生する危険性は変わらない．

ヒント

水の移動のしやすさを考える．

【練習問題 3-2】

フレッシュコンクリートのブリーディングに関する以下の記述のうちで，不適切なものはどれか．

a. 水セメント比が大きいほど，スランプが大きいほど，ブリーディングは大きい．
b. 打込み速度が速いほど，1回の打継ぎ高さが高いほど，ブリーディングは大きい．
c. コンクリートの温度が高いほど，ブリーディングは長く続く．
d. 粉末度が高く，凝結時間の早いセメントほど，ブリーディングは少ない．

【練習問題 3-3】

フレッシュコンクリートの材料分離に関する以下の記述のうちで，不適切なものはどれか．

a. 水セメント比が極端に大きいコンクリートは材料分離しやすい．
b. 単位水量が少ないコンクリートほど材料分離しにくい．
c. コンクリートの細骨材率を大きくすると材料分離しにくくなる．
d. AE剤の使用は材料分離を低減させる．

ヒント
フレッシュコンクリート中の空気の役割を，もう一度整理してみよう．

【練習問題 3-4】

コンクリートの空気量に影響を与える要因として，不適当なものはどれか．

a. 混和剤の種類と使用量
b. 粗骨材の種類
c. 0.15〜0.6 mm までの細骨材の量
d. コンクリートの温度
e. セメントの粉末度

ヒント
空気量に影響を与える要因を整理してから挑戦しよう．

【練習問題 3-5】

コンクリートの空気量に関する次の記述のうち，不適当なものはどれか．

a. 使用セメントの粉末度が高くなると，空気量は増加する．
b. コンクリートの温度が10°C上昇すると，空気量は一般に1〜2％減少する．
c. 細骨材の0.15〜0.6 mm までの量が増えると，空気量は増加する．
d. 気泡径の大きい空気のほうが散逸しやすい．
e. コンクリート打込み後の締固め時間が長いと，空気量は減少する．

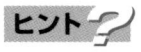

> **ヒント**
>
> 練習問題 3-4 も参考に!!

【練習問題 3-6】

図は，フレッシュコンクリートのレオロジーに関する流動曲線を一般的に表したものである．これを参考にして，普通コンクリートと高流動コンクリートのレオロジー特性を比較した場合の組合せとして適当なものはどれか．

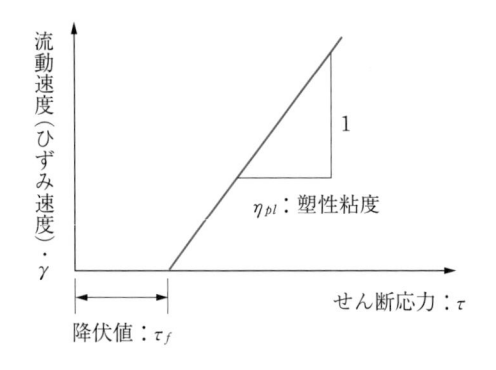

項目	降伏値		塑性粘度	
種類	普通	高流動	普通	高流動
a.	小	大	小	大
b.	小	大	大	小
c.	大	小	大	小
d.	大	小	小	大

（選択肢）

> **ヒント**
>
> コンクリートをゆっくり変形させるとどのような動きをするか，イメージしてみよう．

第4章 施工

Key Points

- レディーミクストコンクリートの種類と品質
- 各施工過程における品質管理
- 運搬，打込み，締固め，養生

圧送ポンプからの排出状況

アジテータ車からの排出状況

ミキサで練り混ぜられたフレッシュな状態のコンクリートは，出来る限り速やかに構造物の所定の場所に運搬され，型枠内に打設される。フレッシュコンクリートの運搬方法はいろいろあるが，写真のようなトレミー管と呼ばれる鋼製のパイプで運搬する方法や，生コン工場で製造されたコンクリートはミキサ車（アジテータ車）で運搬されることが多い。

学習の要点

◆レディーミクストコンクリートの種類と品質
（1）レディーミクストコンクリートの種類
規格：JIS A 5308「レディーミクストコンクリート」に適合
分類：粗骨材の最大寸法・スランプ・呼び強度で分類
（2）レディーミクストコンクリートの品質
受入れ検査：フレッシュコンクリートの状態，スランプ，空気量，温度，単位容積質量，塩化物イオン量，アルカリ骨材反応対策，配合，ポンパビリティー

*レディーミクストコンクリートの塩化物イオン量の規制値は $0.30\,\mathrm{kg/m^3}$

◆品質管理
（1）施工の検査
コンクリート工の検査：運搬，打込み，養生，寒中コンクリート，暑中コンクリート，マスコンクリートの各検査
鉄筋工の検査：鉄筋の加工および組立の検査，鉄筋の継手の検査型枠工および支保工の検査
（2）コンクリート構造物の検査：表面状態の検査，コンクリート部材の位置，および形状寸法の検査，構造物中のコンクリートの検査，かぶりの検査，部材または構造物の載荷試験
（3）抜取検査：計量抜取検査，計数抜取検査

*管理図による管理
$\bar{X} - R$ 管理図
$X - R_s - R_m$ 管理図

◆型枠・支保工
（1）考慮すべき項目
型枠工：鉛直方向荷重（型枠，支保工，コンクリート，鉄筋，作業員，施工機械器具，仮設備等の重量および衝撃）
水平方向荷重（型枠の傾斜，作業時の振動，衝撃，通常考えられる偏載荷重，施工誤差等に起因するもの，風圧，流水圧，地震等）
支保工：上記の荷重および変形
（2）コンクリートの側圧
使用材料，配合，打込み速度，打込み高さ，締固め方法，打込み時のコンクリート温度使用する混和剤の種類，部材の断面寸法，鉄筋量等により異なる．

*コンクリート用型枠合板はJAS（日本農林規格）に規定されている

第4章 施工

◆運搬・打込み・締固め

(1) 運搬

練混ぜはじめてから打ち終わるまでの時間
- 外気温が25°Cを超えるとき1.5時間以内
- 外気温が25°C以下のとき2時間以内

使用器具等
- コンクリートポンプ(ピストン式,スクイズ式),バケット,コンクリートプレーサ,ベルトコンベア,シュート

(2) 打込み

材料分離の防止,コールドジョイントの防止,継目の一体性の確保

*コールドジョイント
下層のコンクリートと上層のコンクリートが一体化しないでできる境界面

(3) 締固め

内部・型枠振動機の使用
- コンクリート棒形振動機:JIS A 8610「コンクリート棒形振動機」
- コンクリート型枠振動機:JIS A 8611「コンクリート型枠振動機」

再振動
- コンクリート強度,鉄筋との付着強度,沈下ひび割れの防止に効果的である.

◆養生

コンクリートは,打込み後の一定期間を硬化に必要な温度および湿度に保ち,有害な作用の影響を受けないようにしなければならない.

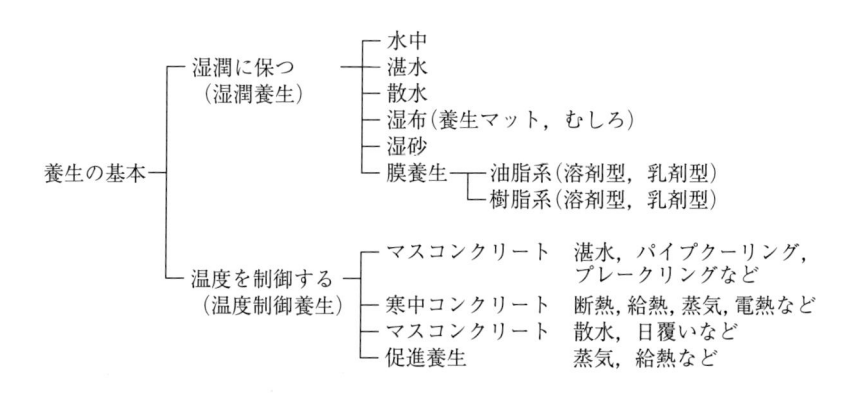

*パイプクーリング
マスコンクリートの施行において,コンクリートの温度上昇を少なくする目的で,あらかじめコンクリートに埋め込んだパイプに冷水または空気を通してコンクリートを冷却する方法

*プレクーリング
コンクリートの打込み温度を低くする目的で,コンクリート用材料を冷却すること,または,打込み前にコンクリートを冷却すること

養生の基本
- 湿潤に保つ(湿潤養生)
  - 水中
  - 湛水
  - 散水
  - 湿布(養生マット,むしろ)
  - 湿砂
  - 膜養生
    - 油脂系(溶剤型,乳剤型)
    - 樹脂系(溶剤型,乳剤型)
- 温度を制御する(温度制御養生)
  - マスコンクリート 湛水,パイプクーリング,プレクーリングなど
  - 寒中コンクリート 断熱,給熱,蒸気,電熱など
  - マスコンクリート 散水,日覆いなど
  - 促進養生 蒸気,給熱など

例題 4-1

JIS A5308「レディーミクストコンクリート」に関連した以下の記述のうちで，不適当なものはどれか．

a. JIS A 5308 では，レディーミクストコンクリートの種類はコンクリートの種類，粗骨材の寸法，スランプのほか呼び強度によって定められている．
b. JIS A 5308 では，骨材のアルカリシリカ反応性による区分で B「無害でない」と判定された骨材の使用を認めていない．
c. JIS A 5308 では，コンクリートの単位水量の上限値を定めていない．
d. JIS A 5308 では，コンクリートの水セメント比の上限値を定めていない．

解説

区分 B の骨材を使用する場合には，指定事項として対策を講じれば使用しても良いこととなっている．

正解 ▷ b.

例題 4-2

コンクリートの運搬，受入れおよび打込みに関する以下の記述のうち，適切なものはどれか．

a. JIS A 5308，土木学会コンクリート標準示方書，JASS5 では，「練混ぜから荷卸し」までの時間を輸送・運搬時間として定めている．
b. JIS A 5308「レディーミクストコンクリート」では，荷卸し時の加水を禁止している．
c. ポンプ圧送によるコンクリートの運搬においては，コンクリートのセメント量が少なくなると材料分離を生じやすい．
d. 人口軽量骨材を使用したコンクリートの場合には，骨材自体が丸い形状をしているので，ポンプ圧送には有利である．

解説

a. 誤 り：JIS A 5308 では，「練混ぜから荷卸し」までの時間を輸送・運搬時間として定めているが，土木学会コンクリート標準示方書，JASS5 では，「練混ぜから打込み終了」までを輸送・運搬時間として定めている．
b. 誤 り：品質保持のための管理の重要性を述べているが，加水そのものについての規定はない．
c. 正しい
d. 誤 り：人口軽量骨材は，丸い形状よりも吸水性の大きいことのほうが卓越し，圧送時に圧力吸水が生じ，圧送困難となることが多い．

正解 ▷ c.

例題 4-3

コンクリートの養生に関する次の一般的な記述のうち，不適当なものはどれか．

a. 湿潤養生は，コンクリートの初期の急激な乾燥を防止し，強度を十分に発現させるために行うものである．
b. 高炉セメント B 種を使用する場合の湿潤養生の期間は，普通ポルトランドセメントを使用する場合より 2 日間以上長くするのがよい．
c. 寒冷期における初期強度の確保と凍結防止を目的とした養生方法としては，コンクリート表面をシート，マット，断熱材などで覆って断熱・保温する方法と，あらかじめ仮囲いや上屋を設けて加熱（給熱）する方法とがある．
d. 寒中コンクリートの初期養生期間中のコンクリート温度は，コンクリートの水分が凍結しない 0°C 以上に保たなければならない．

（平成 9 年度コンクリート技士試験問題）

> **解説**

a. 正しい：養生期間中のコンクリートの乾燥は，プラスティック収縮ひび割れ等の発生につながるので注意が必要である．
b. 正しい：高炉セメントは，短期強度発現能力が普通ポルトランドセメントより弱いため，通常より長めの養生が適切である．
c. 正しい：熱を加える方法と放熱を防ぐ方法とに大別される．
d. 誤り：コンクリートは0°C以下の環境下に晒されると凍害を受けやすくなる．土木学会コンクリート標準示方書「施工編」では，所定の圧縮強度が得られるまではコンクリートの温度を5°C以上に保ち，さらに2日間は0°C以上に保つことを標準とすると規定している．

正解 ▶ d.

【練習問題 4-1】

JIS A 5308「レディーミクストコンクリート」では，材料の計量誤差の許容値を定めているが，下表中の計量誤差の許容値のうちで誤っているものはどれか．

選択肢	材料の種類	1回計量分量の計量誤差，%
a.	セメント	±1
b.	骨材	±3
c.	水	±1
d.	混和材	±2
e.	混和剤	±1

ヒント

ずばり記憶しているかどうか．JISを調べてみよう．

【練習問題 4-2】

以下の空欄に適切な語句を入れよ．

　一般に，コンクリート製品の品質検査は抜取り検査によって行われるが，抜取り検査には　(a)　と　(b)　があり，　(a)　のほうが判定能力が高く，同じ精度を得るために試験回数が少なくてすむ．

　また，抜取り検査の性質上，判定結果が誤りである確率が発生するが，合格としたいある特定の良い品質の検査ロットが抜取り検査で不合格となる確率を　(c)　という．これに対し，不合格としたいある特定の悪い品質の検査ロットが抜取り検査で合格となる確率を　(d)　という．

ヒント

コンクリート製品の品質検査には何があったか．生産者（コンクリート製品メーカーなど）が実施する検査と，購入者（消費者，製品を発注する人など）が実施する検査があることに注意しよう．

【練習問題 4−3】

コンクリート工事における型枠・支保工の設計に際して考慮しなければならない荷重としてコンクリートの側圧があるが，側圧を変化させる可能性のある以下の要因のうち，不適当なものはどれか．

a. 打込み速度
b. 外気温
c. スランプ
d. 型枠・支保工の自重

ヒント

側圧は水平方向の圧力である．

【練習問題 4−4】

以下の正誤の組合せのうち，適当なものはどれか．

a. 養生中における水分供給の目的は，セメントの水和を完全に行うために必要なフレッシュ時の水量の不足分を補給するためである．
b. 大気中に硬化コンクリートを再び湿潤養生すると，強度は再び増加する．
c. 凍結しない範囲で養生温度を低くすると，硬化コンクリートの強度は長期間にわたって増加する．
d. コンクリートの圧縮強度が $10\,\text{N/mm}^2$ 以下の場合には，凍害の影響を受けやすい．

選択肢	a.	b.	c.	d.
①	○	×	×	○
②	×	○	○	×
③	○	×	○	×
④	×	○	×	○

> **ヒント**
>
> 養生の目的な何だったかを思い出そう．

【練習問題 4-5】

コンクリートのポンプ圧送に関する次の一般的な記述のうち，適当なものはどれか．

a. スランプの小さいコンクリートの圧送には，スクイズ式ポンプよりピストン式ポンプのほうが適している．
b. 単位セメント量が同じであれば，水セメント比の高いコンクリートのほうが，圧送負荷が大きい．
c. 先送りモルタルの水セメント比が圧送するコンクリートと同一であれば，圧送後の先送りモルタルはそのまま構造体に打込んでよい．
d. 一般に，コンクリートの圧送速度を大きくすると，圧送負荷は小さくなる．

(平成 12 年度コンクリート技士試験問題)

> **ヒント**
>
> ポンプ圧送に関するポイントを勉強してから挑戦しよう．

【練習問題 4-6】

コンクリートの打継ぎおよび締固めに関する次の記述のうち，不適当なものはどれか．

a. 断面の大きいマスコンクリートの締固めには，棒形（内部）振動機より，型枠（外部）振動機のほうが適している．
b. 棒形（内部）振動機は，同じ棒径であれば，振動数の大きいものほど振動の影響範囲が大きい．
c. 打込み継続中における打継ぎ時間間隔の限度は，先に打込まれたコンクリートの再振動が可能な時間の範囲とする．
d. 面積の大きい水平打継ぎ面では，コンクリートが硬化する前に，その表面に遅延剤を適量散布しておくと，翌日の打継ぎ面の処理作業が容易になる．

(平成 10 年度コンクリート技士試験問題)

> **ヒント**
>
> 振動機の種類と性能を整理して挑戦しよう．

【練習問題 4–7】

鉄筋の加工および組立てに関する次の一般的な記述のうち，正しいものはどれか．

a. 太径鉄筋を曲げ加工する場合，鉄筋の加工部を加熱して加工するのがよい．
b. ガス圧接継手によって鉄筋を接合する場合，圧接箇所は直線部とし，圧接箇所では曲げ加工は行わないようにする．
c. 鉄筋のあきの最小寸法は，粗骨材の最大寸法を基準として定め，鉄筋の径によらない．
d. 鉄筋は，表面がさびているほうがコンクリートとの付着がよいので，できるだけ屋外に貯蔵するようにする．

> **ヒント**
>
> 鉄に熱を加えた際，その鉄はどうなる？

第5章 硬化コンクリート

Key Points

- コンクリートの各種強度
- コンクリートの体積変化と影響要因
- コンクリートのクリープと影響要因

玉砂利コンクリートの断面

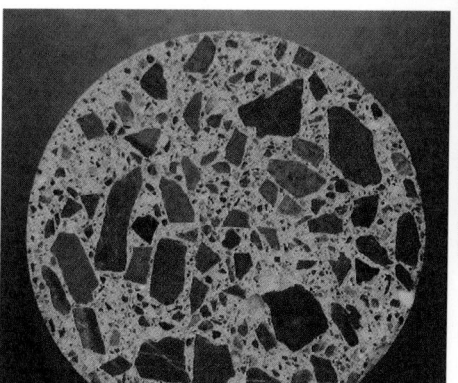

砕石コンクリートの断面

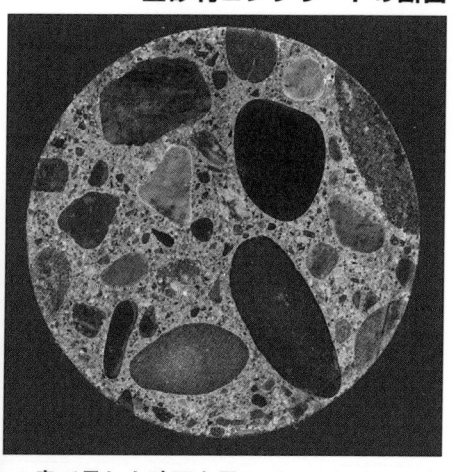

1章で示した砕石を用いてコンクリートを製造し，硬化したのちにカッターで切断すると，写真左のような断面が現れる。これに対して，玉砂利を使用したコンクリートの場合には，写真上のような断面となり，骨材の違いがよくわかる。

学習の要点

◆強度

(1) 圧縮強度

圧縮強度に影響を及ぼす要因

　使用材料の品質（セメント，骨材，混和材料，練混ぜ水）

　配合（水セメント比［水セメント比説，空隙セメント比説］，空気量，混和材料，粗骨材の最大寸法）

　施工条件（打込み，締固め，養生方法［湿潤と乾燥，養生温度，打込み温度，凍結］）

　試験方法（供試体の形状寸法［円柱供試体の高さと直径の比 l/d など］，荷重速度，載荷板の加圧面の影響，湿式ふるいわけ，材齢）

＊圧縮強度試験
[JIS A 1108]

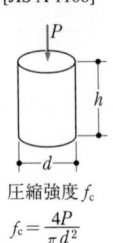

圧縮強度 f_c
$$f_c = \frac{4P}{\pi d^2}$$

(2) 引張強度

圧縮強度の約 $1/9 \sim 1/13$

＊割裂強度試験
[JIS A 1113]

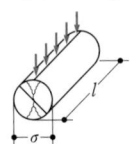

円柱供試体（直径 d，高さ l）を対象とした割裂引張強度 $f_t = \dfrac{2P}{\pi dl}$ 　(1)

(3) 曲げ強度

圧縮強度の約 $1/5 \sim 1/7$

$$曲げ引張強度 \; f_b = \frac{M}{Z} \tag{2}$$

＊曲げ強度試験
[JIS A 1108]

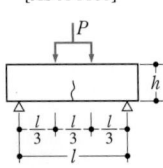

ここで，M：最大曲げモーメント，Z：はりの断面係数

(4) せん断強度

一般には，直接せん断試験を利用

直接せん断強度：圧縮強度の $1/6 \sim 1/4$，引張強度の約 2.5 倍

(5) 支圧強度

$$支圧強度 \; f_a = \frac{P}{A_b} \tag{3}$$

ここで，P：局部載荷による最大圧縮荷重，A_b：局部載荷面積（支圧面積）

(6) 付着強度（引抜き試験による）

$$付着強度 \; f_{bo} = \frac{P}{UL} \tag{4}$$

ここで，P：荷重，U：鉄筋の周長，L：鉄筋の埋込み長さ

第5章 硬化コンクリート

◆弾性係数（ヤング係数）
（1）静弾性係数
一般に割線係数を利用．他に初期接線係数，接線係数
セメント硬化体と骨材の比率により変化
（2）動弾性係数
静弾性係数よりも15%程度大きい
方法1：縦振動あるいはたわみ振動を与えた場合の固有振動数から算出
方法2：弾性波速度から算出

$$v = 2fl = \sqrt{\frac{E_D}{\rho}} \tag{5}$$

ここで，f：共振周波数，E_D：動弾性係数，l：供試体長，ρ：密度，v：弾性波速度

＊動弾性係数（JIS A 1127）
縦振動の場合

$$E_D = 4.00 \times 10^{-3} \times \frac{L}{A} m f_2^2$$

ここに，
E_D：動弾性係数（N/mm²）
L：供試体の長さ（mm）
A：供試体の断面積（mm²）
m：供試体の質量（kg）
f_2：縦振動の一次共鳴振動数（Hz）

たわみ振動の場合
JIS A 1127を参照

＊ひずみ $= \dfrac{伸び（縮み量）}{もとの長さ}$

◆クリープ
（1）クリープ
一定荷重を持続載荷した場合に，時間の経過とともにひずみが増加する現象
（2）クリープに影響を及ぼす要因
使用材料および配合（骨材の品質，水セメント比，空気量，単位骨材量），載荷条件（持続荷重の大きさ，載荷時の材齢，載荷期間），大気の湿度と温度，部材寸法

◆体積変化
（1）硬化過程に生じる体積変化
乾燥収縮：コンクリート中の水分が蒸発することにより変形する現象
乾燥収縮に影響を及ぼす要因：配合，相対湿度と乾燥期間，骨材の品質，部材断面の形状
自己収縮：セメントの水和反応により水が消費されるために収縮する現象
自己収縮の取扱い：
　・普通コンクリート：無視
　・高強度コンクリート（$W/C < 40\%$）：考慮が必要
（2）硬化後の乾湿による体積変化
乾湿により $100 \sim 200 \times 10^{-6}$ 程度の変化

(3) 温度変化による体積変化

コンクリートの線膨張係数：$7 \sim 13 \times 10^{-6}$/°C，設計では 10×10^{-6}/°C

第5章 硬化コンクリート

例題 5-1

コンクリートの各種強度に関する次の記述のうち，不適当ものはどれか．

a. コンクリートの圧縮強度は，使用材料の種類に関係なく，水とセメントの質量比で決まる．
b. コンクリートの引張強度は，通常，割裂引張強度試験により評価される．
c. コンクリートの曲げ強度は，一般に圧縮強度の約 1/5〜1/7 である．
d. コンクリートの直接せん断強度は，一般に引張強度の約 2.5 倍である．

解説

a. 誤り：コンクリートの圧縮強度は，水セメント比だけでなく，使用材料の品質，施工条件，試験方法等により影響される．
b. 正しい
c. 正しい
d. 正しい

正解 ▷ a.

例題 5-2

以下の文中の空欄 a.〜e. に適切な語句を当てはめよ．

コンクリート供試体に静的載荷を行ったところ，図に示すような応力とひずみの関係が得られた．このとき，得られた応力-ひずみ曲線における $\tan\alpha_0$ を ［(a)］ といい，点 A に関して $\tan\alpha_A$ を ［(b)］ ，$\tan\alpha_\gamma$ を ［(c)］ という．また，コンクリート供試体に単純圧縮力を加えたときの供試体の軸方向のひずみ度 (ε_l) と，軸と直角方向のひずみ度 (ε_t) の比 ($\varepsilon_t/\varepsilon_l$) の絶対値を ［(d)］ といい，その逆数を ［(e)］ という．

*応力 Cut $= \dfrac{\text{軸力}}{\text{受圧面積}}$

*ひずみ Cut $= \dfrac{\text{伸び（縮み量）}}{\text{もとの長さ}}$

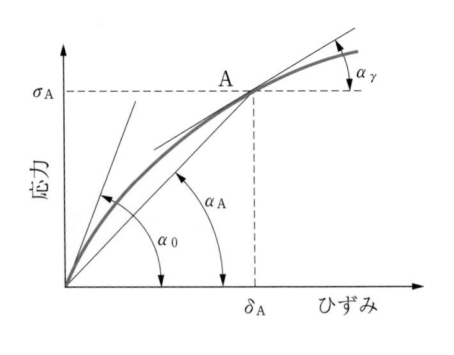

正解 ▶

a. 初期弾性係数
b. 割線弾性係数
c. 接線弾性係数
d. ポアソン比
e. ポアソン数

例題 5-3

コンクリートの力学的性質に関する以下の記述のうち，不適当なものの組合せが正しいものはどれか．

a. コンクリートの引張強度は圧縮強度より大きい．
b. コンクリートの引張強度は曲げ強度より小さい．
c. コンクリートの静弾性係数（ヤング係数）は動弾性係数より大きい．
d. コンクリートの直接せん断強度は，引張強度より大きい．

解答群：
① a. d.　② a. c.　③ c. d.　④ b. c.

解説

a. 誤り：一般に，引張強度は圧縮強度の約 1/9～1/13 である．
b. 正しい：一般に，引張強度は圧縮強度の約 1/9～1/13 であり，曲げ強度は圧縮強度の約 1/5～1/7 である．

c. 誤　り：動弾性係数は静弾性係数よりも15%程度大きい．
d. 正しい：一般に，直接せん断強度は圧縮強度の約1/4～1/6であり，引張強度の約2.5倍である．

正解 ▷ ②

【練習問題 5-1】

コンクリートの乾燥収縮に関する次の記述のうち，不適当なものはどれか．

a. 水セメントの大きいコンクリートほど，乾燥収縮が大きい．
b. コンクリートの乾燥収縮は，骨材の乾燥によりもたらされる．
c. 水セメント比が同一の場合，コンクリートの乾燥収縮は，モルタルのそれより大きくなる．
d. コンクリートの乾燥収縮は，部材が小さいほど大きくなる．

解答群：
① a, b　② b, c　③ b, d　④ a, c　⑤ c, d

【練習問題 5-2】

コンクリートのクリープに関する以下の記述のうち，不適当なものを選べ．

a. 持続応力が大きいほど，クリープも大きくなる．
b. 水セメント比が大きいほど，クリープは小さい．
c. 空気量の存在は，クリープを増加させる傾向がある．
d. 持続応力がコンクリート強度の約3分の1以下の場合，クリープひずみは応力に比例する．

ヒント

クリープとは，「一定荷重を持続載荷した場合に，時間の経過とともにひずみが増加する現象」である．

【練習問題 5-3】

コンクリートのクリープに関する以下の記述のうち，不適当なものを選べ．

a. 持続応力載荷時の材齢が若いほど，載荷期間が長いほどクリープは

大きい．
b. クリープは温度とともに増加し，温度が20～80°Cの範囲でほぼ比例関係にある．
c. 静的破壊荷重の80％以上の持続荷重を載荷しておいても，載荷荷重が破壊荷重に達しない限りコンクリートは破壊しない．
d. 水セメントが一定の場合，セメントペースト量が多いものほどクリープも大きい．

ヒント

練習問題 5–2 も参考に

【練習問題 5–4】

下表に示す硬化コンクリートのひび割れの原因と特徴の組合せについて，不適切なものはどれか．

選択肢	ひび割れの原因	ひび割れの特徴
a.	コンクリートの沈下およびブリーディング	幅が大きく，短いひび割れが比較的早期に不規則に発生する．
b.	コンクリートの硬化・乾燥収縮	開口部や隅部には斜めに発生し，床，はり，壁などではほぼ等間隔に垂直に発生する．
c.	鉄筋のかぶり不足	床スラブではサークル状に発生し，配筋，配管表面に発生する．
d.	構造物の不同沈下	45°方向に大きなひび割れが発生する．

ヒント

各ひび割れの特徴と原因を整理してから挑戦しよう．

【練習問題 5–5】

コンクリートの圧縮強度に影響を及ぼす要因に関する次の記述のうち，不適当なものはどれか．

a. コンクリートの圧縮強度は，水セメント比と強い相関関係にある．
b. 養生温度が約50℃までの範囲では，養生温度が高いほど，材齢初期における圧縮強度は高くなる．
c. 水セメント比一定で空気量を増加させるとコンクリートの圧縮強度は低下する．そのときの低下率は空気量1％当たり4～6％の減少である．
d. 水セメント比が一定であれば，粗骨材の最大寸法が大きくなったとしてもコンクリートの圧縮強度は変化しない．

ヒント

問題文bは，初期強度と養生温度との関連を問うている．長期強度ではないので注意すること．

【練習問題 5-6】

コンクリートの力学的性質に関する次の記述のうち，不適当なものはどれか．

a. 圧縮強度が高くなると，静弾性係数（ヤング係数）は大きくなる．
b. 圧縮強度が高くなると，同応力を持続載荷した際のクリープは小さくなる．
c. セメント量の多い，低水セメント比のコンクリートほど，自己収縮は大きくなる．
d. 圧縮強度が高くなっても，圧縮強度に対する引張強度の比は変化しない．

ヒント

圧縮強度が高くなるということは，より剛（硬）な材料になるということである．

【練習問題 5-7】

図は，コンクリートの力学特性と圧縮強度の関係を模式的に示したものである．次に示すコンクリートの力学特性のうち，圧縮強度との関係

が図のようにならないものはどれか．

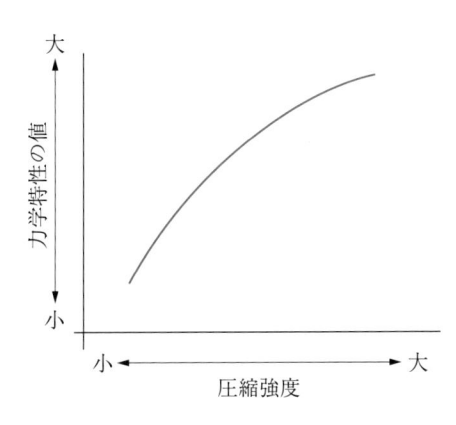

a. 曲げ強度
b. ヤング係数
c. ポアソン比
d. 引張強度

(平成 9 年度コンクリート技士試験問題)

ヒント

ポアソン比は，横ひずみ／縦ひずみで算出される．

【練習問題 5-8】

圧縮強度 $30.0\,\mathrm{N/mm^2}$，ヤング係数 $28.0\,\mathrm{kN/mm^2}$ のコンクリート円柱供試体に圧縮応力が $8.4\,\mathrm{N/mm^2}$ となる荷重を持続して載荷したところ，1 年後の全ひずみは 1200×10^{-6}，乾燥収縮ひずみは 390×10^{-6} となった．弾性ひずみと 1 年後のクリープ係数の値を示した次の組合せのうち，正しいものはどれか．

選択肢	弾性ひずみ	クリープ係数
a.	300×10^{-6}	1.70
b.	300×10^{-6}	3.00
c.	333×10^{-6}	1.43
d.	333×10^{-6}	2.60

(平成 8 年度コンクリート技士試験問題)

> **ヒント❓**
>
> 全ひずみ＝弾性ひずみ＋乾燥収縮ひずみ＋クリープひずみ

【練習問題 5-9】

コンクリートの圧縮強度の試験値に関する次の記述のうち，不適当なものの組合せが正しいものはどれか．

a. 供試体の形状が相似であれば，寸法を大きくしても強度は同一である．
b. 供試体の加圧面に凹凸があると，加圧面が平面である場合に比べ，強度は小さくなる．
c. 供試体を試験直前に乾燥させると，湿潤状態より強度は大きくなる．
d. 載荷速度が早いほど強度は小さくなる．

解答群：
① a．c．　② b．d．　③ a．d．　④ c．d．

> **ヒント❓**
>
> 圧縮強度の試験値に影響を与える要因には，材料，配合，施工，試験方法がある．それぞれはどういった関係だっただろうか？

第6章 耐久性

Key Points

- コンクリートの耐久性とは
- コンクリートの劣化と対策
- コンクリート構造物の補修・補強

表面塗装された壁に発生したひび割れ

塩害によって腐食したコンクリート内部の鉄筋

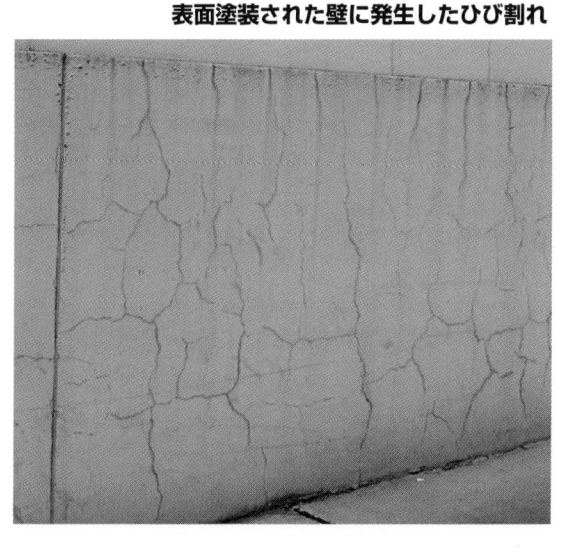

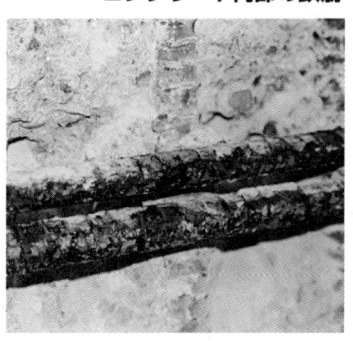

鉄筋コンクリート構造物は，私たちの暮らしの中で欠かせないものであるが，構造物は曝される環境によって劣化する。海水や下水などが激しく作用すると，写真のようなひび割れが生じたり，コンクリート内部の鉄筋がさびて（腐食）しまう。

学習の要点

◆コンクリートの耐久性

コンクリートの耐久性とは，コンクリートの性能（機能）低下の経時変化に対する抵抗性のことである．また，コンクリート構造物の耐久性とは，気象作用，化学的侵食作用，物理的摩耗作用，その他の劣化作用などに抵抗し，構造物に要求される力学的ならびに機能的な性能を長期間にわたって発揮する能力のことをいう．

◆コンクリートの劣化と対策

塩害：コンクリート中に存在する塩化物イオンの作用により鋼材が腐食し，コンクリート構造物に損傷を与える現象．

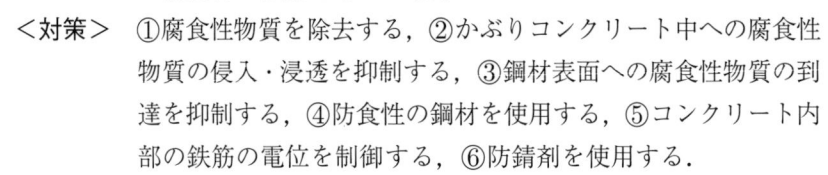

＜対策＞ ①腐食性物質を除去する，②かぶりコンクリート中への腐食性物質の侵入・浸透を抑制する，③鋼材表面への腐食性物質の到達を抑制する，④防食性の鋼材を使用する，⑤コンクリート内部の鉄筋の電位を制御する，⑥防錆剤を使用する．

中性化：一般に空気中の二酸化炭素の作用を受けて，コンクリート中の水酸化カルシウムが徐々に炭酸カルシウムになり，コンクリートのアルカリ性が低下する現象．

＜対策＞ ①中性化の進行を抑制する，②中性化深さを 0 にする，③鉄筋の腐食進行を抑制する．

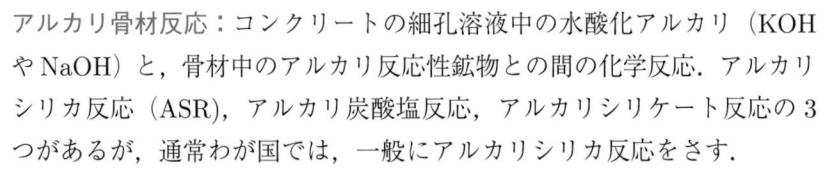

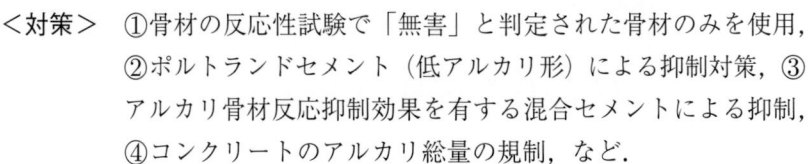

アルカリ骨材反応：コンクリートの細孔溶液中の水酸化アルカリ（KOHやNaOH）と，骨材中のアルカリ反応性鉱物との間の化学反応．アルカリシリカ反応（ASR），アルカリ炭酸塩反応，アルカリシリケート反応の 3 つがあるが，通常わが国では，一般にアルカリシリカ反応をさす．

＜対策＞ ①骨材の反応性試験で「無害」と判定された骨材のみを使用，②ポルトランドセメント（低アルカリ形）による抑制対策，③アルカリ骨材反応抑制効果を有する混合セメントによる抑制，④コンクリートのアルカリ総量の規制，など．

化学的侵食・溶脱：外部環境から供給される化学物質とコンクリート自体とが化学反応を起こすことによって生じる劣化現象．

＜対策＞ ①コンクリート表面に適当な被覆を施す，②耐硫酸塩ポルトランドセメントなどの使用，③腐食しろとしてかぶりを十分確保

する，④水セメント比の小さい水密性の高いコンクリートを使用する．

凍害：コンクリートに含まれている水分が凍結し，その際に生ずる水圧がコンクリートの破壊をもたらす現象．

＜対策＞　①耐凍害性の大きな骨材を用いる，②AE剤あるいはAE減水剤を使用して適正量のエントレインドエアを連行する，③水セメント比を小さくして密実な組織のコンクリートとする．

その他の劣化：①すりへり：車両などによるすり磨き作用と，流水中の砂などによる突き砕き作用，②電流の作用による劣化（電食）：電流が鉄筋からコンクリートに向かって流れると（鉄筋が陽極)，鉄筋が酸化してさび，体積膨張を起こしてコンクリートにひび割れを生ずる．

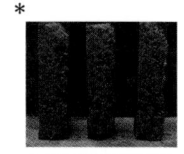

凍結融解抵抗性試験

◆コンクリート構造物の補修・補強

断面修復：劣化部分の除去，鉄筋の防錆処理，補修材の打設

ひび割れ注入：有機系樹脂や無機系材料のひび割れ部への注入

表面塗装（表面処理）：劣化部分の除去，下地の処理，基剤の塗布，仕上剤の塗布

電気化学的防食：電気防食工法（鉄筋の腐食防止），脱塩工法（塩化物イオンの除去），再アルカリ化工法（中性化の回復），電着工法（ひび割れの閉そく）

耐震補強：鋼板巻立て，FRPシート接着，増打ち

例題 6−1

コンクリートのアルカリ骨材反応に関する次の記述のうち，正しいものはどれか．

a. 反応するアルカリ分は，骨材から供給される．
b. ひび割れは，柱では，軸方向鉄筋（主筋）と直交方向に発生しやすい．
c. アルカリ骨材反応は，コンクリート中における反応であるため，外部環境の影響は無関係である．
d. 骨材をよく洗浄して用いれば，アルカリ骨材反応を防止することはできる．
e. アルカリ骨材反応は粗骨材だけでなく，細骨材においても生じる．

解説

アルカリ骨材反応とは，コンクリートの細孔溶液中における水酸化アルカリ（KOH や NaOH）と，骨材中のアルカリ反応性鉱物との間の化学反応をいう．反応生成物（アルカリ・シリカゲル）の生成や吸水に伴う膨張によってコンクリートにひび割れが発生する現象も含めてアルカリ骨材反応という場合が多い．

a. 誤 り：上述のようにアルカリ分はペースト側よりもたらされる．
b. 誤 り：主筋がひび割れの開口に抵抗するため，ひび割れは主筋と平行方向に発生しやすい．
c. 誤 り：アルカリ骨材反応により生成されるアルカリ・シリカゲルが吸水により体積膨張を起こし，これがひび割れの原因となる．したがって，外部環境，特に水分の供給があるかないかが重要となる．
d. 誤 り：骨材を洗浄しても骨材中にアルカリ反応性鉱物を含む場合は，アルカリ骨材反応を生じる可能性がある．
e. 正しい：骨材中のアルカリ反応性鉱物の存在がアルカリ骨材反応の原因である．したがって，粗・細骨材に関係なく，アルカリ骨材反応は生じる可能性がある．

正解 ▷ e

第6章 耐久性

例題 6−2

下記の記述に関して，正誤の判定をせよ．

a. コンクリートの中性化は，コンクリートが乾燥しているほど進行しやすい．
b. フェノールフタレイン溶液の噴霧によって得られる変色しない領域では，水酸化カルシウム（$Ca(OH)_2$）は完全に消失している．
c. 再アルカリ化工法によって，中性化したコンクリート中の炭酸カルシウムは水酸化カルシウムに変化する．
d. JIS A 5308「レディーミクストコンクリート」では，アルカリ骨材反応に対する対策として，コンクリート $1\,m^3$ あたりの等価アルカリ量を $0.3\,kg/m^3$ 以下に規定している．
e. アルカリシリカ反応が生じても，水分の供給がなければコンクリートはひび割れを生じない．
f. 川砂利を使用したコンクリートでは，アルカリ骨材反応が生じることはない．
g. フリーデル氏塩は化学的に安定なので，いったん生成されれば鉄筋の腐食に影響することはない．
h. コンクリート中の鉄筋近傍の塩化物イオン量が発生限界値以下であれば，コンクリート表面塗装を行うことで塩害を防止することができる．
i. 干満部よりも海中部のほうが塩化物イオンは拡散しやすいので，コンクリート内部の鉄筋も腐食しやすい．
j. コンクリートの耐火性を向上させるためには，コンクリートの水セメント比を低減させるのが効果的である．
k. キャビテーションとは，水路などの流れの急な部位などのコンクリートが，水流中の砂礫によって摩耗して生じる現象のことである．
l. 下水処理施設などで見られるコンクリートの化学的劣化では，セメント水和物のみが劣化し，骨材が劣化することはない．

＊フリーデル氏塩（$3CaO \cdot Al_2O_3 \cdot CaCl_2 \cdot 10H_2O$）コンクリート中の塩化物イオンがセメント中の未水和のアルミン酸三石灰（C_3A）と反応して生成されたもの
コンクリートが中性化すると，フリーデル氏塩は分解され，可溶性の Cl^- になる．

解答：

a. 誤 り：コンクリートは湿度 50〜60％程度が最も中性化しやすい．
b. 正しい：中性化によって水酸化カルシウムが変化している領域は，変

色域にまで到達している．

c. 誤　り：再アルカリ化工法はコンクリート内部のpHのみを回復するので，炭酸カルシウムが水酸化カルシウムに変化することはない．

d. 誤　り：$0.3\,\mathrm{kg/m^3}$以下に規定しているのは塩化物イオン量．等価アルカリ量の規定はセメント量に対して0.6%以下に規定されている．

e. 正しい：アルカリシリカゲルそのものは膨張せず，ゲルが吸水することで膨張が生じ，ひび割れが発生する．

f. 誤　り：火山岩などを含んだ水系の川砂利を使用したコンクリートの場合には，アルカリ骨材反応が生じる可能性がある．

g. 誤　り：フリーデル氏塩は二酸化炭素の作用により分解され，再び可溶性塩化物イオンとなるので，鉄筋の腐食の原因となる．

h. 誤　り：表面処理後の再拡散による予測の上で，鉄筋近傍の塩化物イオン量が発生限界値にならないことを確かめないと，表面処理による塩害対策とは判断できない．

i. 誤　り：塩化物イオンの拡散は干満部よりも海中部のほうが進行しやすいが，海中部では酸素の供給が少ないので，内部鉄筋の腐食の進行は干満部のほうが速い場合がある．

j. 誤　り：高強度コンクリートなどの低水セメント比のコンクリートは，高温により爆裂しやすい．

k. 誤　り：水路などの流れが急な部分において生じる負荷によってコンクリートが劣化する現象のことをキャビテーションという．問題文の現象で生じるのは，すりへり（層流摩耗）として扱われている．

l. 誤　り：石灰石骨材などでは，主成分がカルシウムであるので，化学的侵食作用を受ける．

例題6-3

下の写真は沿岸部に建設されたコンクリート高架橋である．この状況から判断して，発生し得る劣化の種類を判定し，その対策方法を期待する効果で区分しつつ述べよ．

● **解答例** ●

　海洋コンクリート構造物であるので，最も考えられる劣化は塩害である．したがって，その対策を期待する効果別に区分すると以下のようになる．

期待する効果	対策工法例
鋼材の腐食因子の供給量を低減	表面処理
鋼材の腐食因子の除去	断面修復，電気化学的脱塩
鋼材の腐食進行を抑制	表面処理，電気防食，断面修復，防錆処理
耐荷力を向上	FRP接着，断面修復，外ケーブル，巻立て，増厚

（示方書「維持管理編」より）

＊混和材の比率（質量%）
高炉セメント（JIS R5211）
A種 5を越え 30以下
B種 30を越え 60以下
C種 60を越え 70以下
フライアッシュセメント（JIS R5213）
A種 5を越え 10以下
B種 10を越え 20以下
C種 20を越え 30以下

【練習問題 6-1】

コンクリートのアルカリ骨材反応に対する対策に関する次の記述のうち，不適当なものはどれか．

a. 低アルカリ形のポルトランドセメントを使用する．
b. 粗骨材の使用を極力避け，細骨材の使用量を増加させる．
c. 高炉セメント，またはフライアッシュセメントのそれぞれBまたはC種を用いる．
d. 外部からの水分供給を断つ．
e. 無害と判定された骨材を使用する．

【練習問題 6-2】

コンクリートの凍害に対する対策に関する次の記述のうち，適当なものはどれか．

a. AE剤等の混和剤を使用して，適正量のエントレインドエアを連行させる．
b. かぶりを十分にとる．
c. 密実なコンクリートとする．
d. タイル，石張りなどの仕上げ施工を行う．

解答群：
① a ② b ③ c ④ d ⑤すべて適当

【練習問題 6-3】

コンクリートの塩害に対する対策に関する次の記述のうち，不適当なものはどれか．

a. 組織の緻密なコンクリート（密実なコンクリート）とする．
b. かぶりを十分にとり，ひび割れ幅を小さく制御する．

c. 樹脂塗装鉄筋の使用やコンクリート表面にライニングする．
d. コンクリート中の塩化物イオン量を少なくする．

解答群：
① a ② b ③ c ④ d ⑤すべて適当

【練習問題 6-4】

コンクリートの中性化に対する対策に関する次の記述のうち，不適当なものはどれか．

a. 組織の緻密なコンクリート（密実なコンクリート）とする．
b. かぶりを十分にとる．
c. タイル，石張りなどの仕上げ施工を行う．
d. たとえば，フライアッシュセメントを使用する．

解答群：
① a ② b ③ c ④ d ⑤すべて適当

【練習問題 6-5】

高温下におけるコンクリートの特性に関する以下の記述のうち，適当なものを選べ．

a. 高温下（1000°C程度まで）においてもコンクリートの密度は変化しない．
b. コンクリートはもともと耐火材であるため，高温下においても圧縮強度はほとんど変化しない．
c. 普通強度コンクリートに比べ，高強度コンクリートのほうが爆裂（表層が剥離・飛散して断面欠損する現象）を生じやすい．
d. コンクリート中に，合成繊維（たとえば，ポリプロピレン繊維やビニロン繊維）を混入することは，コンクリート中の空隙が繊維に置き換わるだけであり，爆裂低減には効果がない．

【練習問題 6-6】

高温下におけるコンクリートの強度特性に関する以下の記述のうち，不適当なものを選べ．

a. 高温下におけるコンクリートの圧縮強度は，常温（20°C程度）下に比べ低下する．
b. コンクリートの引張強度も，圧縮強度同様に高温下において低下する．
c. 一度，低下した圧縮強度は，いかなることがあっても回復しない．
d. 普通強度のコンクリートに比べ，高強度コンクリートのほうが高温下における圧縮強度の低下が大きくなる．

【練習問題 6-7】

コンクリートの耐久性に関する次の記述のうち，不適当なものはどれか．

a. コンクリート中の鉄筋は，常時波じぶきを受ける部分より，常時海水中にある部分のほうが腐食しにくい．
b. コンクリートの中性化は，炭酸ガス濃度が高いほど，進行が速くなる．
c. コンクリートのアルカリ骨材反応によるひび割れは，水分が供給されやすい部分に発生しやすい．
d. コンクリートの耐凍害性は，適量のエントレインドエアにより格段に向上する．

【練習問題 6-8】

以下のコンクリート構造物の劣化の写真を見て，原因として考えられる劣化の種類を語群からそれぞれ選べ．

A　　　　　　　　　　B

語句群：
　塩害，中性化，凍害，アルカリ骨材反応，化学的侵食，電食

【練習問題 6-9】

以下の語句について簡単に説明せよ．

a. アルカリ骨材反応
b. 中性化

第7章 各種コンクリート

Key Points

- 特殊な施工が必要なコンクリート
- 各種コンクリートと要求性能
- 各種コンクリートの特徴

**高流動コンクリートの
スランプフロー試験の状況**

※第3章「フレッシュコンクリート」
の写真と比較してみよう。

学習の要点

◆特殊な施工が必要なコンクリート

(1) マスコンクリート
 対象：スラブ → 厚さ 80～100 cm 以上，壁 → 厚さ 50 cm 以上
 温度上昇：セメントの影響，打込み高さ，部材寸法，等
 温度応力：外部拘束，内部拘束
 温度ひび割れ制御：パイプクーリング，プレクーリング

(2) 寒中コンクリート
 対象：日平均気温 4°C 以下の場合
 温度制御養生：保温・給熱養生，初期凍害の防止

(3) 暑中コンクリート
 対象：日平均気温 25°C 以上の場合
 温度制御養生：プレクーリング，パイプクーリング，乾燥ひび割れの防止

◆各種コンクリート

(1) プレパックドコンクリート
 要求性能：
  プレパックドコンクリート：強度
  注入モルタル：流動性，材料分離抵抗性，膨張性
 強度：材齢 91 日 or 材齢 28 日の圧縮強度
 流動性：流下時間 16～20 秒（高強度の場合は 25～50 秒）
 材料分離抵抗性：ブリーディング率 3 時間で 3％以下（高強度：1％以下）
 膨張性：試験開始後 3 時間で 5～10％（高強度の場合は 2～5％）

(2) 水中コンクリート
 要求性能：強度，水中分離抵抗性，流動性
 強度：配合設計 標準供試体強度の 0.6～0.8 倍
 水中分離抵抗性：
  一般の水中コンクリート：水セメント比と単位セメント量で設定
  水中不分離性コンクリート：水中分離度，水中気中強度比で設定
 流動性
  一般の水中コンクリート ：スランプで設定
  水中不分離性コンクリート：スランプフローで設定

第 7 章　各種コンクリート

(3) 吹付けコンクリート

要求性能：吹付け性能（はね返り率，粉塵濃度，吹付けコンクリートの初期強度），吹付けコンクリートの長期強度

吹付け性能：粉塵濃度と吹付けコンクリートの初期強度で設定（実績がない場合，はね返り率を使用）

吹付けコンクリートの長期強度：材齢 28 日で 18 N/mm^2

(4) 鋼繊維補強コンクリート

要求性能：強度特性，変形特性，その他

強度特性：
 圧縮強度：JIS A 1108 に基づき設定（通常のコンクリートと同様）
 引張強度：JIS A 1113 に基づき設定
 曲げ強度：実寸法での試験結果に基づき設定（寸法効果を考慮して設定してもよい）

変形特性：
 圧縮側の変形特性：JSCE-G 502 に準じて求め，目的に応じて形状を仮定してよい．

 引張軟化特性：直接引張試験，曲げ試験より求める（目的に応じて直線でモデル化してもよい）．
  曲げタフネス：JSCE-G 552 により曲げ靭性係数，曲げ試験より荷重－たわみ曲線，荷重－ひび割れ幅曲線などにより設定

その他の性能：耐摩耗性，耐衝撃性など

(5) 高流動コンクリート

自己充填性のレベル

 ランク 1：最小鋼材あきが 35～60 mm 程度で，複雑な断面形状，断面寸法の小さい部材または箇所で自己充填性を有する性能

 ランク 2：最小鋼材あきが 60～200 mm 程度の鉄筋コンクリート構造物または部材において，自己充填性を有する性能（通常の鉄筋コンクリート部材）

 ランク 3：最小鋼材あきが 200 mm 程度以上で断面寸法が大きく配筋量の少ない部材または箇所，無筋の構造物において自己充填性を有する性能

＊日本コンクリート工学協会「コンクリートの引張軟化曲線の評価方法（案）」

(6) 高強度コンクリート
　要求性能：ワーカビリティー，ポンパビリティー，強度，耐アルカリ骨材反応性
　ワーカビリティー：スランプ，スランプフローで設定
　ポンパビリティー：水平管 1 m 当たりの管内圧力損失で設定
　強度：JIS A 1108 に従って設定
　耐アルカリ骨材反応性：JCI AAR-3 の 6 ヵ月材齢における膨張量で設定（一般に膨張量の限界値 0.1％）

(7) 膨張コンクリート
　要求性能：膨張性，強度
　膨張性
　構造条件が標準の場合
　・収縮補償用コンクリート ：$150 \sim 250 \times 10^{-6}$
　・ケミカルプレストレス用コンクリート ：$200 \sim 700 \times 10^{-6}$
　・工場製品に用いるケミカルプレストレス用コンクリート：
　　　$200 \sim 1000 \times 10^{-6}$
　強度
　収縮補償用コンクリート ：JIS A1108 & JIS A 1132
　ケミカルプレストレス用コンクリート：JIS A 6202 附属書 3(参考)

(8) 軽量骨材コンクリート
　要求性能：単位容積質量，耐凍害性，ポンパビリティー
　単位容積質量
　　　1 種：$1.6 \sim 2.1 \times 10^3$ kg/m^3
　　　2 種：$1.2 \sim 1.7 \times 10^3$ kg/m^3
　耐凍害性：相対動弾性係数の最小限界値を標準
　ポンパビリティー：ポンプの最大理論吐出圧力に対する最大圧送負荷が 80％以下

第7章 各種コンクリート

例題 7−1

土木学会コンクリート標準示方書「施工編」に従い記述したものである．正誤（○×）の判定をせよ．

a. マスコンクリート構造物の代表にコンクリートダムがある．
b. マスコンクリートの温度ひび割れ対策の一つにプレクーリングがある．
c. 寒中コンクリートの保温養生または給熱養生が終了した後は，コンクリートの温度を急激に低下させてもよい．
d. 暑中に打込まれたコンクリートの表面は，直射日光や風により乾燥が進み，ひび割れが生じるおそれがある．

解説

a. ○：マスコンクリートの定義は，スラブでは 80〜100 cm 以上，壁では 50 cm 以上であり，その最大級はダムコンクリートである．
b. ○：温度ひび割れ対策には，プレクーリング* やパイプクーリングがある．パイプクーリングとは，コンクリート中にあらかじめ配置しておいたパイプの中に冷水を流し込み，コンクリートを冷却する方法である．
c. ×：保温養生または給熱養生後，コンクリートを急激に寒気にさらすとコンクリートの内外部で大きな温度差を生じることになり，コンクリートの表面にひび割れが生じるおそれがあるため，徐々に温度を低下させる必要がある．
d. ○：コンクリートの露出面に直射日光や風があたると急激に乾燥が進み，いわゆるプラスチック収縮ひび割れが生じるおそれが高くなる．保湿・給水等の対策が必要である．

正解 ▷ a. ○　b. ○　c. ×　d. ○

*コンクリートの練混ぜ前に骨材や水などを冷却する方法である．練混水に氷を用いることもある

例題 7−2

土木学会コンクリート標準示方書「施工編」に従い記述したものである．正誤（○×）の判定をせよ．

a. 一般の水中コンクリートでは，通常のコンクリートに比べ粘性の富んだ配合にする．
b. 吹付けコンクリートの吹付け方式は，乾式と湿式とに大別される．
c. 吹付けコンクリートの長期強度の設計基準強度は，材齢28日の圧縮強度とする．
d. 吹付けコンクリートの補強材として利用される短繊維は，鋼繊維だけである．
e. 土木学会コンクリート標準示方書「施工編」において，高流動コンクリートの自己充填性のレベルを3ランク設定している．
f. 高流動コンクリートの材料分離抵抗性は，スランプフロー試験で管理してもよい．

解説

a. ○：水中コンクリートでは，水による洗い作用を受けて，骨材が分離したり，セメント分が流出する可能性が高いため，通常のコンクリートより粘性の高い配合を採用する．

b. ○：乾式方式と湿式方式にはそれぞれ一長一短があり，現場の規模，状況や吹付け量に応じて使い分けられている．一般に，湧水に対しては乾式が優れており，施工能力が優れている湿式は，大断面で長大化した山岳トンネルの吹付け施工に適している．

c. ○：山岳トンネルの吹付けコンクリートは，覆工コンクリートと同じ程度の強度を期待するものとして材齢28日の圧縮強度で $18\,\text{N/mm}^2$ 以上を基準としている．

d. ×：吹付けコンクリートの補強材として利用される繊維には，鋼繊維のほかに，ポリプロピレン繊維，ビニロン繊維，炭素繊維，アラミド繊維などがある．吹付けコンクリートとしての実績では，ポリプロピレン繊維が多い．

e. ○：土木学会コンクリート標準示方書「施工編」において，高流動コンクリートの自己充填性のレベルをランク1（最小鋼材あきが35～60 mm程度で，複雑な断面形状，断面寸法の小さい部材または箇所で自己充填性を有する性能），ランク2（最小鋼材あきが60～200 mm程度の鉄筋コンクリート構造物または部材において，自己充填性を有する性能），ランク3（最小鋼材あきが200 mm以上

で断面寸法が大きく配筋量の少ない部材または箇所，無筋の構造物において，自己充填性を有する性能）と設定している．

f. ×：高流動コンクリートの材料分離抵抗性は，500 mm フロー到達時間または漏斗流下時間により管理してもよいことになっている．ちなみに，スランプフロー試験により管理してもよい特性は流動性である．

正解▷ a. ○ b. ○ c. ○ d. × e. ○ f. ×

例題 7-3

マスコンクリートに関する次の記述のうち，不適当なものはどれか．

a. 部材寸法に関係なく，マスコンクリートの内部が到達する最高温度はほぼ一定となる．
b. 普通ポルトランドセメントより中庸熱ポルトランドセメントを用いたほうが内部の最高温度は小さくなる．
c. 打込み時のコンクリートの温度が高いほど，コンクリート内部の最高温度は高くなる．
d. マスコンクリート内部の最高温度に達するまでの時間は，セメントの種類によらずほぼ一定である．

解答群：
① a, b ② a, c ③ b, d ④ c, d ⑤ a, d

解説

a. 誤り：マスコンクリート内部の温度変化は水和反応による発熱とコンクリート表面からの放熱のバランスで決まる．したがって，部材寸法が小さいほど放熱の影響が大きくなるため，最高温度に到達するまでの時間が短い．
b. 正しい：中庸熱ポルトランドセメントは，水和反応の進行が遅く，それによる発熱も小さい．
c. 正しい：ただし，コンクリートの打込み時の温度が高いと，断熱温度上昇量は小さくなる．

d. 誤 り：セメントクリンカーの組成化合物（C_3S, C_2S, C_3A, C_4AF など）は，水和反応速度，発生させる水和熱など，それぞれ異なった特性を有している．したがって，これらを含有するセメントも，それぞれの含有率によって異なる温度特性を示すことになる．

正解 ▶ ⑤

【練習問題 7-1】

コンクリート標準示方書「施工編」に記載のプレパックドコンクリートに関する以下の記述のうち，不適当なものを選べ．

a. プレパックドコンクリートの性能として設定されるのは強度であり，注入モルタルの性能としては，流動性，材料分離抵抗性および膨張性である．
b. プレパックドコンクリートの強度は，材齢91日あるいは材齢28日における圧縮強度により設定される．
c. 通常の注入モルタルのブリーディング率は，試験開始後3時間で7%以下と厳しく規定されている．
d. 通常の注入モルタルの流動性は，流下時間で16〜20秒を標準としている．

ヒント

プレパックドコンクリートの要求性能を整理してみよう．

【練習問題 7-2】

暑中コンクリートに関する次の記述のうち，不適当なものはどれか．

a. 日平均気温が25℃を超える時期に施工する場合には，一般に暑中コンクリートとしての施工ができるように準備しておくことが望ましい．
b. コンクリートの打込みはできるだけ早く行い，練り混ぜてから打込みが終わるまでの時間は1.5時間を超えてはならない．
c. 打込み時のコンクリートの温度は，25℃以下でなければならない．
d. 暑中コンクリートでは，一般に通常のコンクリートよりも早期に強度が発現する．
e. コンクリート運搬時のスランプの低下が大きくなる．

ヒント

暑中コンクリートの基本事項です．

【練習問題 7–3】

コンクリート標準示方書「施工編」に記載の吹付けコンクリートに関する以下の記述のうち，不適当なものを選べ．

a. 吹付けコンクリートの吹付け性能は，はね返り率，粉塵濃度および吹付けコンクリートの初期強度で設定してよい．
b. 吹付けコンクリートの長期強度の設計基準強度は，材齢91日で設定し，$18\,\text{N/mm}^2$ 以上とする．
c. コンクリートを吹き付ける方式には，湿式と乾式とがある．
d. 吹付けコンクリートのはね返り損失は，湿式工法より乾式工法のほうが多い．

ヒント

吹付けコンクリートの基本事項です．

【練習問題 7–4】

短繊維補強コンクリートに関する次の記述のうち，適当なものはどれか．

a. 通常のコンクリートに短繊維（鋼，ビニロン，ポリエチレンなど）を混入することにより，圧縮強度を始めとする各種強度が飛躍的に改善される．
b. 短繊維維補強コンクリートは，現在，柱，はりなどの構造部材に積極的に利用されている．
c. 短繊維補強コンクリートは，通常のコンクリートよりせん断耐力が大きいため，柱やはり部材に使用した場合，せん断補強筋を減少させることができるなど大きなメリットを有している．
d. 鋼繊維補強コンクリート（長さ30 mm程度の鋼製の短繊維を混入したもの）中の鋼繊維は鋼であるため，たとえコンクリート中心部に配置していたとしても表面付近の鋼繊維から順番に発錆する．

解答群：
① a ② b ③ c ④ d ⑤ すべて不適当

> **ヒント**
>
> 短繊維補強コンクリートは，繊維の架橋効果により，強度改善が達成されている．

【練習問題 7-5】

ポリマーコンクリートに関する以下の記述のうち，不適当なものを選べ．

a. ポリマーコンクリートは，セメントコンクリートに比べて耐水・耐食性が大きい．
b. ポリマーコンクリートは，セメントコンクリートに比べて硬化収縮が大きい．
c. ポリマーコンクリートは，セメントコンクリートに比べて耐火性が大きい．
d. ポリマーコンクリートは，セメントコンクリートに比べて高価である．

> **ヒント**
>
> ポリマーセメントモルタルは，主に補修・補強材に利用されている．

【練習問題 7-6】

コンクリート標準示方書「施工編」に記載の膨張コンクリートに関する以下の記述のうち，不適当なものを選べ．

a. 膨張コンクリートの性能として設定されるのは，膨張性と強度である．
b. 膨張コンクリートは，その膨張力の大きさから分類すると，収縮補償用コンクリートとケミカルプレストレス用コンクリートに大別される．
c. 膨張コンクリートは，通常のコンクリートに比べ，初期の湿潤養生を丁寧に行う必要がある．
d. コンクリート標準示方書「施工編」では，膨張力の大きなケミカルプレストレスコンクリートの単位セメント量の上限値が規定さて

いる．

> **ヒント**
>
> 膨張コンクリートの基本事項です．

【練習問題 7-7】

コンクリート標準示方書「施工編」に記載の軽量骨材コンクリートに関する以下の記述のうち，不適当なものを選べ．

a. 軽量骨材コンクリートの性能として設定するものは，単位容積質量，耐凍害性，ポンパビリティーである．
b. 軽量骨材コンクリートの空気量は，普通骨材コンクリートより1%大きめに定める．
c. 軽量骨材を用いた場合のコンクリートの耐久性は，普通骨材を用いた場合と同様に扱ってはいけない．
d. 軽量骨材の特徴は，普通骨材に比べて単位容積質量が小さく，一般に吸水率が大きいことである．

> **ヒント**
>
> 軽量骨材コンクリートの基本事項です．

【練習問題 7-8】

高流動コンクリートに関する次の記述のうち，不適当なものはどれか．

a. 高流動コンクリートは，材料分離抵抗性を保持しながら高い流動性が得られるように製造される．
b. 高流動コンクリートは，コンシステンシーをスランプフローで評価し，一般に50～70cm程度の範囲で製造される．
c. 高流動コンクリートは，流動性を確保するために，通常の軟練りコンクリートよりも単位水量を大きくして製造される．
d. 高流動コンクリートは，間隙通過性を高くするため，通常のコンクリートよりも単位粗骨材量を小さくして製造される．

(平成12年度コンクリート技士試験問題)

> **ヒント**
> 高流動コンクリートの生命線である流動性や材料分離抵抗性に関する留意点をもう一度整理しよう．

第2編
構造／設計

横浜港2号ドック

横浜市のみなとみらい21にあるランドマークタワー（写真右上）の裾に，横浜港2号ドックがあり，現在はコンサートなどができる多目的スペースとして利用されている（写真上）。

現在，ドックの奥はショッピングモールとなっているが，出入口ではドックの断面（プレパックドコンクリートの骨材の配列状況）を見ることができる（写真右下）。

第8章 鉄筋コンクリートの特徴

Key Points

・コンクリート系部材の特徴と種類
・鉄筋コンクリートの基本的性質と成立条件
・鉄筋コンクリートの設計法

プレキャストセグメントの製作：中空箱桁断面プレキャストセグメントPC橋

学習の要点

◆鉄筋コンクリートとは
（1）コンクリート系部材の特徴

　コンクリート系部材の多くは，コンクリート材料に，ある補強鋼材（reinforcement）を埋設するか，または初期応力（prestress）を導入することにより，構造部材として成立する．

（2）コンクリート系部材の種類

　鉄筋コンクリート：RC（Reinforced Concrete）
　鉄骨鉄筋コンクリート：SRC（Steel-Reinforced Concrete）
　プレストレストコンクリート：PC（Prestressed Concrete）

◆鉄筋コンクリートの基本的な性質
（1）構成材料であるコンクリートと鉄筋の性質

　コンクリート：引張強度が圧縮強度の1/10以下ときわめて小さく，硬化過程に収縮し，ひび割れが生じやすい．また，圧縮荷重下にあっても，じん性に乏しい．

　鉄筋：降伏強度は，コンクリート圧縮強度の大略10倍以上あり，延性に富む弾塑性材料である．ただし，棒状であるため，圧縮応力下では座屈が生じ，また，腐食しやすい材料である．

（2）コンクリートと鉄筋の補完

　鉄筋コンクリートは，コンクリートと鉄筋のそれぞれの長所を生かし，欠点を補完しあう優れた複合材料である．これは，次のようにまとめられる．

・コンクリートの引張ひび割れの発生により解放された引張応力を鉄筋が代替し，コンクリートの脆性破壊を防止することになる．また，鉄筋がコンクリートを取り囲み，変形をある程度拘束することにより，コンクリート圧縮域においてじん性を向上させる．

・鉄筋は，コンクリート中に埋め込まれることにより，圧縮応力下における座屈の回避，および腐食防止などの恩恵を受けている．

（3）鉄筋コンクリートの長所と短所

・長所：

　種々の形状寸法を有する構造物を容易に設計・施工することができる．

耐久性/耐火性にすぐれている．
維持管理が比較的容易である．
・短所：
ひび割れを生じやすく，過度なひび割れには，適切な処理が必要である．
他の構造材料に比べて，自重が大きくなる．
建設後の構造変更/改造は容易ではない．

◆鉄筋コンクリートの成立条件
・コンクリートと鉄筋の線膨張係数がほぼ同じなので，温度変化に対して熱応力を生じない．
・コンクリートに埋設された鉄筋は腐食しないことが重要であるが，コンクリートがアルカリ性のため鉄筋は腐食しない．
・コンクリートと鉄筋が一体となって変形し，外的な作用に抵抗しなければならない．

上記の3点は，鉄筋コンクリートが耐久的な構造材料として成立するための重要な要件であるが，コンクリートの適切な配合設計と入念な施工によって保証される．

◆鉄筋コンクリートの設計法
（1）設計法の種類と変遷 *
・許容応力設計法（Allowable Stress Design）
・終局強度設計法（Ultimate Strength Design）
・限界状態設計法（Limit State Design）
・性能照査型設計法（Performance-based Design）

＊歴史的にこのような順番で用いられてきた．

◆土木学会コンクリート標準示方書
・設計編
・施工編
・維持管理編
・ダムコンクリート編
・規準編

例題 8−1

コンクリート断面の種類と特徴に関する次の記述のうち，誤っているものの組合せはどれか．

a. コンクリート断面の種類は，鉄筋コンクリート，プレストレストコンクリート，鉄骨鉄筋コンクリートに大別され，これらを英語で言うと，reinforced concrete, prestressed concrete, steel-reinforced concrete となる．

b. はり部材の場合，鉄筋コンクリート（RC）とプレストレストコンクリート（PC）が多く用いられる．また，両者の中間的な形式として，PRC(prestressed reinforced concrete)，またはPPC(partially prestressed concrete)があり，実構造物に適用されている．

c. 一般に，重力式ダムには，せん断力は作用しないが，曲げモーメントが作用する．曲げ補強のため鉄筋を配する鉄筋コンクリート構造となることが多いが，プレストレストコンクリートはあまり用いられない．

d. 鉄筋の線膨張係数はコンクリートの線膨張係数より約10倍程度大きいため，鉄筋コンクリートが温度変化を受けると温度応力が発生し，ひび割れの発生に至ることがある．

e. 柱部材の場合，鉄筋コンクリートまたは鉄骨鉄筋コンクリートが多く用いられ，プレストレストコンクリートはあまり用いられない．

解答群：
① a．，e．　② b．，c．　③ c．，d．　④ c．，e．　⑤ b．，d．

解説

コンクリート断面の基本形式として，無筋コンクリート，鉄筋（または鉄骨鉄筋）コンクリート，プレストレストコンクリートがあり，さらにその中間的な形式がある．

a. 正しい
b. 正しい
c. 誤 り：重力式ダムでは，曲げモーメント，せん断力のような断面力

は考えない．また，重力式ダムには引張応力が作用せず，無筋コンクリート構造となることが多い．

d. 誤 り：鉄筋の線膨張係数とコンクリートの線膨張係数はほぼ等しい（約 $10\times10^{-6}/°C$）ため，線膨張係数の差異による温度応力は非常に小さい．

e. 正しい：柱部材の形式を記述したもの．鉄筋コンクリート柱の場合，さらに帯鉄筋柱，らせん鉄筋柱に分類される．

正解 ▷ ③ c., d.

例題 8–2

鉄筋コンクリートに関する次の記述のうち，正しいものの組合せはどれか．

a. 鉄筋の降伏ひずみは 0.0015〜0.0020，圧縮コンクリートの終局ひずみは 0.0025〜0.0035，引張コンクリートのひび割れ発生時のひずみは 0.0001〜0.0002 程度である．したがって，曲げを受ける鉄筋コンクリート部材では，まずコンクリートのひび割れが生じる．

b. 鉄筋は，明瞭な降伏点を有する弾塑性材料である．鉄筋コンクリート部材に用いる異形鉄筋は，コンクリートの圧縮強度に比べて 30〜50 倍程度高い降伏強度を有する．

c. 鉄筋コンクリートが構造材として成立するには，十分な付着により，ひび割れ発生後も鉄筋とコンクリートが一体となって変形することが必要で，このため異形鉄筋が多く用いられる．

d. コンクリートは高圧縮強度低引張強度の材料で，引張強度の圧縮強度に対する比は 1/10〜1/15 程度である．たとえば，コンクリート標準示方書の算定式を用いると，圧縮強度が 30 N/mm² のコンクリートは，引張強度 2.2 N/mm² と算定される．一方，曲げ強度は，この引張強度より 10% 程度小さい．

e. 鉄筋コンクリート部材では，コンクリートが収縮を受けると，一般にコンクリートには引張応力，埋設されている鉄筋には圧縮応力が作用する．このため，収縮が大きいとコンクリートのひび割れに至ることがあり，初期ひび割れの代表的な要因となる．このような拘束応力は鉄筋量が多いほど緩和され，多く配筋するとひ

び割れ防止に役立つ．

解答群：
① a., e.　② c., d.　③ b., d.　④ c., e.　⑤ a., c.

解説

鉄筋コンクリートを構成する 2 つの材料（コンクリートと鉄筋）の性質について記述した問題である．

a. 正しい：鉄筋の降伏ひずみは，たとえば SD345 の場合，$f_y/E_s = 345\,\text{N/mm}^2/200\,\text{kN/mm}^2 = 0.00174$ となる．

b. 誤　り：「30〜50 倍程度高い降伏強度を有する」が誤り．たとえば，異形鉄筋（SD345）とコンクリート（圧縮強度＝$30\,\text{N/mm}^2$）の場合，両者の比＝$345\,\text{N/mm}^2/30\,\text{N/mm}^2 = 11$ となる．

c. 正しい

d. 誤　り：曲げ強度* と引張強度の関係が間違っている．
　　　　　正しい記述：「曲げ強度は，この引張強度より 80％程度大きい」となる．

e. 誤　り：拘束応力は鉄筋量が多いほど緩和され，多く配筋するとよい（誤）．
　　　　　→ 拘束応力は鉄筋量が多いほど大きくなる（正）．

*2002 年版コンクリート標準示方書では，曲げひび割れ発生強度として改訂されている．

正解▶ ⑤ a., c.

例題 8−3

プレストレストコンクリートに関する次の記述のうち，誤っているものの組合せはどれか．

a. プレストレストコンクリートに用いるコンクリートの圧縮強度は，鉄筋コンクリートの場合より高強度とする必要がある．

b. プレストレス* は，主として荷重などによって部材に圧縮応力が作用する部分に導入する．

c. プレストレスは，PC 鋼材のリラクセーションのほかに，コンクリートのクリープや乾燥収縮によっても減少する．

*プレストレス＝prestress（あらかじめ導入される応力）であり，初期応力と呼ばれる．

第 8 章　鉄筋コンクリートの特徴

d. プレストレストコンクリート構造は，鉄筋コンクリート構造に比べ自重の軽減が可能である．
e. プレストレスを導入する方法にはプレテンション方式とポストテンション方式があり，前者は主として工事現場で，後者は主として製作工場で用いられる．

解答群：
① a., c.　② a., e.　③ b., d.　④ b., e.　⑤ c., d.

解説

プレストレストコンクリートの基本的特徴，製作方法など，鉄筋コンクリートと比較すると理解しやすい．

a. 正しい：プレストレストコンクリートでは，コンクリートにあらかじめ圧縮応力を導入するため，コンクリート強度は鉄筋コンクリートに比べ，高強度のものを使用する必要がある．

b. 誤　り：プレストレス（prestress：初期応力）を導入する大きな目的は，コンクリートの引張強度を補い，使用状態でひび割れが発生しないようにすることである．したがって，通常は荷重により引張応力が作用する部分に導入する．

c. 正しい：プレストレストコンクリートでは，コンクリートのクリープや乾燥収縮によってPC鋼材の緊張ひずみが時間とともに減少し，プレストレスの減少の大きな原因となる．

d. 正しい：プレストレストコンクリート構造の利点は，使用荷重下でひび割れを発生させないことにより全断面を有効に利用できることである．したがって，鉄筋コンクリート構造に比べ，同じ設計荷重に対して断面を小さくできる．

e. 誤　り：主として，プレテンション方式は工場製品に，ポストテンション方式は現場施工に用いられる．

正解 ▷ ④ b., e.

【練習問題 8−1】

鉄筋コンクリートの特徴に関する次の記述のうち，誤っているものの組合せはどれか．

a. 鉄筋コンクリート（英語：reinforced concrete）は，圧縮に強いコンクリートと引張強度の高い鉄筋による複合構造と言える．
b. 鉄筋の腐食防止，圧縮鉄筋の座屈回避のため，コンクリートによる鉄筋の被覆が必須であり，したがって，コンクリートのかぶりが極めて重要となる．
c. 鉄筋コンクリートに曲げモーメントを与えると，鉄筋に比べてコンクリートの伸び能力が小さい*ので，まずコンクリートにひび割れを生じる．このとき，コンクリートの引張応力を鉄筋が肩代わりする．このため，十分な鉄筋の配置により，ひび割れの発生を防ぐ必要がある．
d. 鉄筋コンクリートの長所は，耐久的であること，重量が軽いこと．短所は，ひび割れが発生しやすいこと，現場打設により施工管理，養生管理が必要になることである．
e. 鉄筋コンクリートは，はり，柱，スラブ，壁，ラーメンなど，多くの構造形式に適用が可能である．

*例題の 8-2 の a. を参照せよ．

解答群：
① b．, e． ② b．, c． ③ c．, d． ④ a．, e． ⑤ a．, d．

ヒント

鉄筋コンクリートの基本的な特徴をまとめたもの．

【練習問題 8−2】

鉄筋コンクリートの特徴に関する次の記述のうち，誤っているものを1つ選べ．

a. 鉄筋コンクリートは，引張に弱いコンクリートを鉄筋にて補強したもので，耐久性にすぐれた複合構造であると言える．これを英語で言うと，reinforced concrete（直訳すると"補強されたコンクリー

ト")となり，通例 RC と呼ばれる．また，鉄筋コンクリートに鉄骨を併用した場合，鉄骨鉄筋コンクリート (steel reinforced concrete) 呼ばれ，通例 SRC と称される．

b. 鉄筋コンクリートとプレストレストコンクリートの中間的な形式として，PRC(prestressed reinforced concrete)，または PPC(partially prestressed concrete) があり，実際構造物に適用されている．*

c. コンクリート構造物は，現場にて施工される「直打ちコンクリート」と，工場やヤードに製作され，現地にて組立て/架設される「プレキャストコンクリート」に大別される．

d. 鉄筋コンクリートは，鉄筋とコンクリートの単なる組み合わせではなく，鉄筋はコンクリートの引張破壊によるひび割れ開口を制御し，また，コンクリートを取り囲むことにより，コンクリートのじん性向上に寄与している．

e. 鉄筋コンクリートには十分なかぶりが必要である．これは，埋設されている鉄筋の，①腐食の防止，②コンクリートとの付着の確保，③圧縮鉄筋の座屈の回避，④耐火性の向上などを目的とするものである．

＊例題の 8-1 の b. を参照せよ．

解答群：
① a.　② b.　③ c.　④ d.　⑤ e.

ヒント

コンクリート系部材の断面を略称する，RC，PC，PRC，PPC，SRC の定義と英語名を確認すること．また，コンクリートのかぶりの目的も整理しよう．

【練習問題 8−3】

鉄筋コンクリートの力学的挙動に関する次の記述のうち，誤っているものを1つ選べ．

a. 鉄筋コンクリート柱部材が中心軸圧縮力を受けると，コンクリート

*ヤング係数 n の定義：
$$n = \frac{\text{鉄筋のヤング係数 } E_s}{\text{コンクリートのヤング係数 } E_c}$$

と鉄筋には等しい量のひずみが発生する．このときの鉄筋とコンクリートのヤング係数比を n^* とすると，鉄筋にはコンクリートの n 倍の圧縮応力度が発生する．

b. 曲げ部材にひび割れが発生すると，ひび割れ位置の断面では，コンクリートは引張応力に対して抵抗せず，部材剛性が低下する．このため，荷重の増大とともに，たわみが増加し，ひび割れ位置における引張鉄筋の応力度は急激に増大する．

c. 端部を拘束されない鉄筋コンクリートはりが，コンクリート硬化後に長期間乾燥すると，鉄筋には引張応力が生じ，コンクリートには圧縮応力が生じる．

d. 鉄筋コンクリート柱の軸方向鉄筋は，地震荷重を考える場合，圧縮鉄筋および引張鉄筋のいずれの働きもすることができる．

解答群：
① a. ② b. ③ c. ④ d. ⑤ すべて正しい

ヒント

鉄筋コンクリートの基本的な力学的挙動を記述したもの．ひび割れ発生後もコンクリートと鉄筋が一体となって変形し，外力に対して抵抗している．

【練習問題 8−4】

鉄筋コンクリートの構造・設計に関する以下の用語を簡潔に説明せよ（各語2行程度）．

①平面保持の仮定　　②釣合破壊　　③らせん鉄筋柱
④長期たわみ　　　　⑤等価繰返し回数　⑥材料係数
⑦コールドジョイント　⑧かぶり　　　　⑨スターラップ
⑩斜め引張破壊　　　⑪短柱　　　　　⑫部材係数
⑬クリープ係数　　　⑭マイナー則

第 8 章 鉄筋コンクリートの特徴

> **ヒント**
> いずれも，鉄筋コンクリートの構造・設計に関する重要な用語である．コンクリート標準示方書（構造性能照査編，1.2 用語の定義）を参考にするとよい．

【練習問題 8–5】

コンクリート工学に多く用いられる記号＊（下添え字と主要記号）について下記の問に答えよ． ＊付録 2 を参照せよ．

問 1 次の下添え字の元の英単語と意味を示せ．（例：y：yield 降伏）
 m, d, w, u, cr

問 2 次の添え字付き主要記号の意味を示せ．
 $A_s, R_d, f'_c, f_{wy}, E_c, \gamma_s, M_{ud}, \sigma'_{ca}, \sigma_{sa}$

> **ヒント**
> 主要記号，添え字ともに，元になっている英語をまず整理しよう．ただし，$M =$ moment, $A =$ area, $m =$ material などのように，該当する英単語から直接定義されているものと，f, γ のように英語とは関係なく，慣例的に使用されているものもある．

第9章 コンクリートと鉄筋の材料力学

Key Points

・材料力学の基礎
　（応力，ひずみ，ヤング係数の定義と3量の関係）
・コンクリートの特徴
・異形鉄筋の性質と規格
・コンクリートと鉄筋による複合材料力学

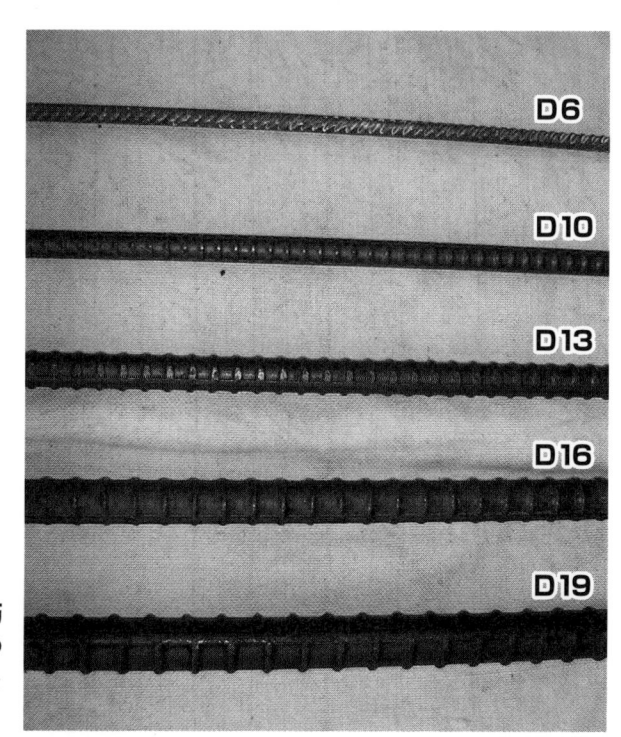

径の異なる5つの異形鉄筋
表面形状に注意：軸方向の突起をリブ，横方向の突起をふしと呼ぶ。

学習の要点

◆材料力学の基礎
応力とひずみの定義：中心軸圧縮の場合，応力 $\sigma =$ 荷重 P/断面積 A，ひずみ $\varepsilon =$ 変形 δ/ もとの長さ L

単位：応力 σ [N/mm^2]，ひずみ ε [単位なし]，ヤング係数*E [N/mm^2]

*弾性係数と同じ意味である

3量の関係：応力 $\sigma =$ ヤング係数 $E \times$ ひずみ ε，あるいは，ひずみ $\varepsilon =$ 応力 σ/ ヤング係数 E

◆コンクリートの基本的な性質
強度：高圧縮強度 ($f'_c = 20 \sim 80\,\text{N/mm}^2$)，低引張強度 ($f_t = (1/9 \sim 1/13)f'_c$).

ヤング係数：$E_c = 22 \sim 38\,\text{kN/mm}^2$．下表のように圧縮強度によって決まる．

コンクリートのヤング係数 E_c

f'_{ck} (N/mm^2)		18	24	30	40	50	60	70	80
E_c (kN/mm^2)	普通コンクリート	22	25	28	31	33	35	37	38
	軽量コンクリート	13	15	16	19	—	—	—	—

引張強度 f_{tk}：圧縮強度の 1/9～1/13 程度．
 （標準示方書の算定式：$f_{tk} = 0.23 f_{ck}^{'2/3}$）

付着強度 f_{bok}：異形鉄筋に対する算定式：$f_{tk} = 0.28 f_{ck}^{'2/3} \leqq 4.2\,\text{N/mm}^2$

曲げ強度 *f_{bk}：圧縮強度の 1/5～1/7 程度で，引張強度より大きい．
 （標準示方書の算定式の説明は，例題 9-1 にて解説）

* 2007年制定コンクリート標準示方書設計編では，コンクリートの曲げ強度 f_{bk} の代わりに曲げひび割れ強度 f_{bck} を引張強度 f_{tk} の関数として与えている．

◆異形鉄筋の性質と種類
（1）基本的な性質

鉄筋コンクリートに用いる異形鉄筋は，熱間圧延異型棒鋼としてJIS規格に規定されている．これは弾塑性硬化材料であり，明瞭な降伏点とその後の降伏棚，ひずみ硬化領域を有することが特徴である．

（2）機械的性質

JIS規格を用いる：SD295A，SD295B，SD345，SD395，SD490.

　一例として，SD345の読み方 →SD：Steel Deformed：異形鉄筋，規格降伏強度 $f_{yk} = 345\,\text{N/mm}^2$

96

第9章　コンクリートと鉄筋の材料力学

(3) 種類

鉄筋径については，JIS規格を用いる：D6, D10, D19, ⋯, D41, D51.

一例として，D25の読み方：D=直径(Diameter)，25=公称径25mm，公称断面積=506.7mm^2（各鉄筋径の公称断面積については，付録3を参照）

◆コンクリートと鉄筋の類似点と相違点

(1) 類似点
- 線膨張係数がほぼ等しい：温度変化に対して熱応力を生じない．
- 化学的に安定：鉄筋がコンクリートに埋設された状態で，互いに化学的に反応しない．

(2) 相違点
- コンクリートと鉄筋は，素材/生成ともにまったく異なる材料である．
- 鉄筋は工場製作，現場組み立て．コンクリートは生コン購入，現場打設・養生（プレキャストの場合：工場製作，現場組み立て）．

(3) コンクリートの性質
- 高圧縮強度，低引張強度であり，ヤング係数は鉄筋の1/10程度．
- 圧縮荷重下では，荷重初期より緩やかな曲線を有し，ピーク後（最大荷重後），軟化挙動を示す．
- 硬化過程において収縮し，ひび割れ発生の原因となることが多い．

(4) 異形鉄筋の性質
- 棒状材料であるため，圧縮荷重下で座屈することがある．ただし，コンクリートに埋設されているため，この座屈を生じることは少ない．
- 大気中の鋼材は，酸素および水分の存在により腐食する．ただし，アルカリ性を有するコンクリートに被覆されており，適切な鉄筋コンクリートでは，鉄筋は腐食しない．

◆鉄筋とコンクリートの複合材料力学の基礎

鉄筋コンクリートの複合材料学的な特徴は，中心圧縮荷重Fを受ける鉄筋コンクリート柱の性質によって理解できる．

- 鉄筋比：$p = \dfrac{A_s}{A_c}$　（1よりはるかに小さい数）
- ヤング係数比：$n = \dfrac{E_s}{E_c}$　（1より大きい，$n = 7 \sim 15$程度）
- コンクリートの応力：$\sigma_c = \dfrac{1}{1+np} \cdot \dfrac{F}{A_c}$
- 鉄筋の応力：$\sigma_s = \dfrac{n}{1+np} \cdot \dfrac{F}{A_c}$

例題 9−1

鉄筋とコンクリートの材料力学に関する次の記述のうち，正しいものの組合せを解答群の中から選択せよ．

a. 一般に，材料の応力−ひずみ関係は，「応力 $\sigma=$ ヤング係数 $E \times$ ひずみ ε」で表される．また，これらの単位は，SI 単位系の一例として，$\sigma\,[\mathrm{N/mm^2}] = E\,[\mathrm{N/mm^3}] \times \varepsilon\,[\mathrm{mm}]$ のように表される．

b. ポアソン効果とは，ある方向に（たとえば圧縮）ひずみを与えると，その直交方向に異符号のひずみ（伸びひずみ）を生じる現象である．ポアソン比の例として，コンクリートの場合 $\nu=0.2$，鋼材で $\nu=0.3$ 程度である．

c. コンクリートは高圧縮強度低引張強度の材料で，引張強度の圧縮強度に対する比は 1/10〜1/15 程度である．たとえば，コンクリート標準示方書の算定式を用いると，圧縮強度が 30 N/mm² のコンクリートは，引張強度 2.2 N/mm² と算定される．一方，曲げ強度はこの引張強度より 10%程度小さい．

d. 異形鉄筋は，代表的なひずみ硬化型弾塑性材料である．鉄筋規格 SD295 と SD345 とを比べると，降伏強度は SD345 のほうが大きいが，降伏ひずみは SD295 のほうが大きい．また，弾性係数は SD295 と SD345 とも同じ値で，通例設計では 200 kN/mm² を用いる．

e. 鉄筋コンクリート部材では，コンクリートが収縮を受けると，一般にコンクリートには引張応力，埋設されている鉄筋には圧縮応力が作用する．このため，乾燥収縮が大きいとコンクリートのひび割れに至ることがあり，初期ひび割れの代表的な要因となる．このような拘束応力は，鉄筋量が多いほど大きくなる．

解答群：
① a., c., e. ② a., c., d. ③ d., b. ④ b., e. ⑤ c., d.

解説

a. 誤 り：SI 単位の表示が間違っている．

第 9 章　コンクリートと鉄筋の材料力学

　　　　誤り：$\sigma[\text{N/mm}^2] = E[\text{N/mm}^3] \times \varepsilon[\text{mm}]$ のように表される．
　　　　正しくは：$\sigma[\text{N/mm}^2] = E[\text{N/mm}^2] \times \varepsilon[\text{無次元}]$ のように表される．
　　　　正解のポイント：変形（変位），ひずみ，応力，荷重，ヤング係数の関係および単位は材料力学の必修事項．

b. **正しい**：ポアソン効果の定義およびポアソン比の例（コンクリートと鉄筋）ともに正しい．
　　　　正解のポイント：ポアソン効果の定義と意味は，固体力学の必修事項．また，代表的な材料のポアソン比も覚えたい．ちなみに，ポアソン比は弾性理論では，$0.0 \sim 0.5$ の値をとる．

c. **誤　り**：曲げ強度と引張強度の関係が間違っている．
　　　　圧縮強度 f'_c，引張強度 f_t，曲げ強度 f_b とすると，平成 8 年制定コンクリート標準示方書の算定式*は，SI 単位系で表すと次式で与えられている．

・引張強度：$f_t = 0.23(f'_c)^{2/3}$
・曲げ強度：$f_b = 0.42(f'_c)^{2/3}$

　　　　これに従うと，圧縮強度が $30\,\text{N/mm}^2$ のとき，両強度は次のように算出される．

・引張強度：$f_t = 0.23(f'_c)^{2/3} = 2.22\,\text{N/mm}^2$
　　　　$(f_t/f'_c = 2.22/30 = 1/13.5)$
・曲げ強度：$f_b = 0.42(f'_c)^{2/3} = 4.06\,\text{N/mm}^2$
　　　　$(f_b/f'_c = 4.06/30 = 1/7)$

　　　　以上の計算から，誤りの個所は次のよう訂正される．
　　　　誤りの記述：「曲げ強度は，この引張強度より 10％程度小さい」
　　　　正しい記述：「曲げ強度は，この引張強度より 80％程度大きい」となる．
　　　　正解のポイント：圧縮強度 f'_c，引張強度 f_t，曲げ強度 f_b との関係については，大略以下のような関係にある．

$$f_t = (1/10 \sim 1/15)\,f'_c,\ f_b = (1/5 \sim 1/8)\,f'_c,\ f_b \simeq 0.6 f_t$$

　　　　本例に示したコンクリート標準示方書の算定式を知らなくても，上記の関係から正解を判断することができ，少なくとも $f_b > f_t$ を知っていれば，問題文の誤りの個所は推察できる．

* 2007 年制定コンクリート標準示方書設計編では，コンクリートの曲げ強度 f_{bk} の代わりに曲げひび割れ強度 f_{bck} を引張強度 f_{tk} の関数として与えている．

d. 誤 り：降伏ひずみの大小が異なる．

　　　　誤りの記述：「降伏強度は SD345 のほうが大きいが，降伏ひずみは SD295 のほうが大きい」

　　　　正しい記述：「降伏強度，降伏ひずみともに SD345 のほうが大きい」

SD345：降伏強度 $f_y = 345 \, \text{N/mm}^2$，降伏ひずみ $\varepsilon_y = 345 \, \text{N/mm}^2 / 200 \, \text{kN/mm}^2 = 1.73 \times 10^{-3}$

SD295：降伏強度 $f_y = 295 \, \text{N/mm}^2$，降伏ひずみ $\varepsilon_y = 295 \, \text{N/mm}^2 / 200 \, \text{kN/mm}^2 = 1.43 \times 10^{-3}$

正解のポイント：ヤング係数は鉄筋規格にかかわらず，同じ値（設計では $200 \, \text{kN/mm}^2$）を用いる．したがって，降伏強度が大きくなるとそのまま降伏ひずみも大きくなる．

e. 正しい：**正解のポイント**：鉄筋コンクリート部材のうちコンクリートのみが，乾燥収縮（非弾性ひずみの代表例）を受けると，コンクリートには引張応力，埋設されている鉄筋には圧縮応力が作用する．このため，乾燥収縮が大きいと，鉄筋量が多いほど拘束応力は大きくなり，コンクリートのひび割れが発生しやすくなる．

正 解 ▷ ④ b., e.

例題 9-2

鉄筋とコンクリートの材料特性に関する次の記述のうち，正しいものの組合せを解答群の中から1つ選択せよ．

a. 鉄筋のヤング係数を $E_s = 200 \, \text{kN/mm}^2$ とすると，SD345 の降伏時のひずみ ε_y は，おおよそ $\varepsilon_y = 1800 \times 10^{-6} \, \text{mm}$ である．

b. 鉄筋のヤング係数を $E_s = 200 \, \text{kN/mm}^2$，コンクリートのヤング係数を $E_c = 25 \, \text{kN/mm}^2$ とすると，両者のヤング係数比 n は $n = 8$ である．

c. 直径が 10 cm の円柱供試体を用いて，圧縮強度試験を実施したところ，370 kN で破壊した．このコンクリートの圧縮強度は，$47 \, \text{N/mm}^2$ である．

d. 圧縮強度が $f'_c = 40 \, \text{N/mm}^2$ のコンクリートのヤング係数 E_c と引張強度 f_t は，おおよそ，$E_c = 15 \, \text{kN/mm}^2$，$f_t = 18 \, \text{N/mm}^2$ で

ある．

解答群：
① a., c.   ② b., c.   ③ a., d.   ④ b., d.   ⑤ c., d.

解説

a. 誤り：$\varepsilon_y = 1800 \times 10^{-6}\,\mathrm{mm}$ は単位が誤りで，正しくは $\varepsilon_y = 1800 \times 10^{-6}$．ひずみの単位は無次元である．

b. 正しい：ヤング係数比 $n = E_s/E_c$

c. 正しい：圧縮強度 $f'_c = $ 最大荷重/断面積 $= 370\,\mathrm{kN}/(50 \times 50 \times \pi\,\mathrm{mm}^2) = 0.047\,\mathrm{kN/mm}^2 = 47\,\mathrm{N/mm}^2$

d. 誤り：圧縮強度が $f'_c = 40\,\mathrm{N/mm}^2 \to E_c = 31\,\mathrm{kN/mm}^2$, $f_t = 2.7\,\mathrm{N/mm}^2$ である．普通，コンクリートのヤング係数は $E_c = 20 \sim 40\,\mathrm{kN/mm}^2$，引張強度 $f_t = (1/10 \sim 1/13) \times f'_c$ を知っていれば，おおよその値は判断できる．

正解 ② b., c.

例題 9–3

コンクリートの断面積が $45000\,\mathrm{mm}^2$，軸方向鉄筋の断面積が $1000\,\mathrm{mm}^2$ の鉄筋コンクリート柱部材がある．この部材に中心軸圧縮荷重 $200\,\mathrm{kN}$ を作用させたところ 200×10^{-6} の軸方向ひずみが生じた．この場合のコンクリートの圧縮応力度としてもっとも近いものを解答群の中から選択せよ．ただし，鉄筋のヤング係数は $200\,\mathrm{kN/mm}^2$ とする．

解答群：
① $3.0\,\mathrm{N/mm}^2$ ② $3.2\,\mathrm{N/mm}^2$ ③ $3.6\,\mathrm{N/mm}^2$
④ $4.0\,\mathrm{N/mm}^2$ ⑤ $4.2\,\mathrm{N/mm}^2$

解説

作用する中心軸圧縮荷重を N とし，軸方向鉄筋が負担する圧縮力を N_s，

コンクリートが負担する圧縮力を N_c とすると，次式が成り立つ．

$$N = N_s + N_c$$

中心軸圧縮荷重を受ける鉄筋コンクリート部材では，軸方向鉄筋とコンクリートに生じる圧縮ひずみは等しい．この場合，軸方向鉄筋に発生する圧縮応力度 σ_s は以下のようになる．

$$\sigma_s = \varepsilon_s E_s = 200 \times 10^{-6} \times 200 \times 10^3 = 40\ (\mathrm{N/mm^2})$$

ここに，σ_s：軸方向鉄筋の圧縮応力度 $\sigma_s\,(\mathrm{N/mm^2})$
　　　　ε_s：軸方向鉄筋の圧縮ひずみ
　　　　E_s：軸方向鉄筋のヤング係数 $(\mathrm{N/mm^2})$

したがって，鉄筋が負担する圧縮力 N_s は以下のようである．

$$N_s = A_s \sigma_s = 1000 \times 40 = 40000\ (\mathrm{N}) = 40\ (\mathrm{kN})$$

ここに，A_s：軸方向鉄筋の断面積 $(\mathrm{mm^2})$

一方，コンクリートが負担する圧縮力 N_c は

$$N_c = N - N_s = 200 - 40 = 160\ (\mathrm{kN})$$

コンクリートの圧縮応力度を $\sigma_c\,(\mathrm{N/mm^2})$ とすれば，$N_c = A_c \sigma_c$ より

$$\sigma_c = N_c / A_c = 160 \times 10^3 / 45000 = 3.56\ (\mathrm{N/mm^2})$$

ここに，A_c：コンクリートの断面積 $(\mathrm{mm^2})$

正解 ▷ ③ $3.6\,\mathrm{N/mm^2}$

第9章 コンクリートと鉄筋の材料力学

【練習問題 9−1】

コンクリートの力学的性質に関する次の一般的な記述のうち，適当なものはどれか．

a. 圧縮強度が高くなるほど，静ヤング係数は小さくなる．
b. 圧縮強度が高くなるほど，最大圧縮応力時 (圧縮強度時) のひずみは小さくなる．
c. 圧縮強度が高くなるほど，載荷応力が同じ場合のクリープひずみは大きくなる．
d. 圧縮強度が高くなるほど，圧縮強度に対する引張強度の比 (引張強度/圧縮強度) は小さくなる．

(H.11 コンクリート技士試験問題より抜粋)

ヒント

コンクリートの強度・変形特性を理解していれば容易な問題．

【練習問題 9−2】

鉄筋とコンクリートの材料特性に関する次の記述のうち，正しいものをすべて組み合わしているものを解答群の中から1つ選択せよ．

a. 鉄筋は明瞭な降伏点をもつ弾塑性材料であり，多くは異形鉄筋が用いられ，丸鋼はほとんど用いられない．
b. 鉄筋鋼棒，コンクリートのヤング係数をアルミニウムのそれと比べると，鉄筋鋼棒＞コンクリート＞アルミニウムの順序となる．
c. 通例，材料の引張試験は，鉄筋では直接引張試験，コンクリートでは割裂試験* によって行われる．
d. コンクリートは乾燥や硬化により収縮するため，鉄筋コンクリート部材では，鉄筋に引張応力，コンクリートに圧縮応力が作用する．
e. 異形鉄筋の規格：SD345，SD390，SD490 の3種類は，順に降伏強度が大きくなるが，ヤング係数は等しい．

*割裂試験の様子

解答群：
① a., c., e.　② b., d., e.　③ b., c.　④ a., d.　⑤ b., e.

> **ヒント**
>
> コンクリートと鉄筋の基本特性を確認しよう．

【練習問題 9–3】

図は，圧縮強度が $30\,\mathrm{N/mm^2}$ 程度の普通コンクリート，軽量コンクリートおよび鋼繊維補強コンクリートの圧縮応力とひずみの関係を概念的に示したものである．図中の応力－ひずみ曲線A，B，Cとコンクリートの種類の組合せを示した次の①～④のうち，適当なものはどれか．

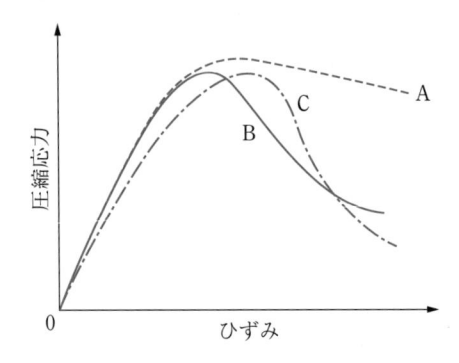

	普通コンクリート	軽量コンクリート	鋼繊維補強コンクリート
①	A	B	C
②	B	C	A
③	C	B	A
④	B	A	C

(H.10 コンクリート技士試験問題より抜粋)

> **ヒント**
>
> 各種コンクリートの強度と変形特性は構成材料（細／粗骨材，繊維）の特性に影響されることを理解しておこう．

【練習問題 9–4】

コンクリートのヤング係数 E_c，コンクリートの圧縮強度 f'_c，鉄筋のヤング係数 E_s，鉄筋の降伏強度 f_y の値について，最も適切なものを組合せたものはどれか．

a. $E_c = 25\,\text{kN/mm}^2$, $f'_c = 40\,\text{N/mm}^2$, $E_s = 200\,\text{kN/mm}^2$,
   $f_y = 350\,\text{N/mm}^2$
b. $E_c = 25\,\text{MN/mm}^2$, $f'_c = 30\,\text{N/mm}^2$, $E_s = 200\,\text{MN/mm}^2$,
   $f_y = 300\,\text{N/mm}^2$
c. $E_c = 25\,\text{kN/mm}^2$, $f'_c = 400\,\text{N/mm}^2$, $E_s = 200\,\text{kN/mm}^2$,
   $f_y = 1300\,\text{N/mm}^2$
d. $E_c = 2.5\,\text{GN/mm}^2$, $f'_c = 40\,\text{MPa}$, $E_s = 20\,\text{GN/mm}^2$,
   $f_y = 350\,\text{MPa}$
e. $E_c = 25\,\text{GN/mm}^2$, $f'_c = 4\,\text{kN/mm}^2$, $E_s = 200\,\text{GN/mm}^2$,
   $f_y = 35\,\text{kN/mm}^2$

＊接頭語の再確認：
$k = 10^3$, $M = 10^6$, $G = 10^9$

＊強度に関する単位
$1\,\text{N/mm}^2 = 1\,\text{MPa}$

解答群：
① a.　② b.　③ c.　④ d.　⑤ e.

ヒント

通常使用されるコンクリートと鉄筋の強度，ヤング係数は最低限覚えておこう．

【練習問題 9–5】

長さ1mの異形鉄筋D35，SD345に引張荷重を与えて降伏させた．このときの鉄筋の応力とひずみについて，正しいものの組合せはどれか．ただし，鉄筋のヤング係数を$E_s=200\,\text{kN/mm}^2$，D35の断面積を簡単のため10cm^{2}とする．

a. 応力=345 N/mm^2，ひずみ=1.73%
b. 応力=35 N/mm^2，ひずみ=1.73%
c. 応力=345 N/mm^2，ひずみ=1.73×10^{-3}
d. 応力=35 N/mm^2，ひずみ=1.73×10^{-3}
e. 応力=35 N/mm^2，ひずみ=1.73×10^{-3} mm

解答群：
① a.　② b.　③ c.　④ d.　⑤ e.

> **ヒント**
>
> 応力，ひずみの関係とこれらの単位を確認しよう．本問では長さと鉄筋径が不要であることを確認されたい．

【練習問題 9-6】

練習問題 9-5 の設問に関して，この鉄筋の降伏時の荷重と伸び量を正しく表しているものを次の中から選択せよ．

a. 荷重 = 345 kN，伸び量 = 0.173 mm
b. 荷重 = 350 N，伸び量 = 0.173 mm
c. 荷重 = 345 kN，伸び量 = 1.73 mm
d. 荷重 = 350 N，伸び量 = 1.73 mm
e. 荷重 = 35 N，伸び量 = 1.73×10^{-3} mm

解答群：
① a. ② b. ③ c. ④ d. ⑤ e.

> **ヒント**
>
> 荷重 = 応力 × 断面積，伸び = 長さ × ひずみ，である．本問では，長さと鉄筋径が必要となる．

【練習問題 9-7】

下記の設問に解答せよ(単位と有効桁数に注意せよ)．ただし，不要な条件も含まれている．

a. 長さ 50 cm の D22 異形鉄筋を 200 kN で引張ったときの応力はいくらか．ヤング係数 E_s についてはコンクリート標準示方書の値を用いること．
b. 長さ 1 m の異形鉄筋 (SD345，D35) を 1.0 mm 変形 (伸び) させたときのひずみと応力を求めよ．また，この鉄筋は降伏しているか．
c. 径が D19，長さが 50 cm の異形鉄筋を 50 kN で引張ったときの変形量 (伸び量) が 0.40 mm であった．このときのヤング係数はいくらか．

* D22 と D19 の公称断面積は，巻末の付録 3 を参照

d. SD345, D22 の異形鉄筋を降伏させるための引張荷重とそのときのひずみ (降伏ひずみ) はいくらか.
e. 長さが 100 cm および 200 cm の 2 つの鉄筋 (D19, SD295) に引張荷重を与え，伸び量を $\delta = 0.5$ mm とするための引張荷重とそのとき発生する応力を計算，比較せよ.
f. 断面が 20 cm×20 cm, 長さ 100 cm の無筋コンクリート柱に，500 kN の圧縮力が作用したときの軸応力と変形量 (縮み量) を求めよ. コンクリートのヤング係数を 30 kN/mm², 圧縮強度を 28 N/mm² とする.
g. 直径が 15 cm, 高さ 30 cm の円柱供試体の圧縮試験を行ったところ，最大荷重 350 kN で破壊した. このときの圧縮強度を求めよ.
h. 断面が 20 cm×20 cm, 40 cm×40 cm の 2 つのコンクリート柱について，圧縮応力が $\sigma_c = 10$ N/mm² とするための圧縮荷重とそのときのひずみを求め，比較せよ. ただし，ヤング係数は $E_c = 20$ kN/mm² とする.

ヒント

全体量 (荷重 P と変形 δ) および単位量 (応力 σ とひずみ ε) の定義と違いおよび単位を確認せよ．「学習の要点」を参照して，これら4量の関係を整理せよ．

【練習問題 9-8】

下記の設問に答えよ.

a. 長さ 50 cm と 120 cm の異形鉄筋 (D16, SD345) がある. それぞれに引張力を与え，1 mm 変位 (伸び) させた. このとき，両鉄筋は降伏しているか. また，ひずみと引張荷重を計算せよ. ただし，計算を簡単にするため，D16 の断面積を 2 cm² とする.
b. 径が D22, 長さが 100 cm の異形鉄筋 (SD345) を引張載荷し，降伏させた. このときの引張荷重，ひずみ，変形量 (伸び量) を求めよ.

> **ヒント**
>
> a. この異型鉄筋の降伏ひずみを求めよ．変位 δ が同じ場合，どちらの応力が大きくなるか．
> b. 作用応力が降伏点に達したときの状態を考える．

【練習問題 9-9】

図の棒状の鉄筋コンクリート部材が一様に乾燥した場合，中央部分の A–A 断面のコンクリートおよび鉄筋に生じる応力の状態を述べた次の記述のうち，適当なものはどれか．

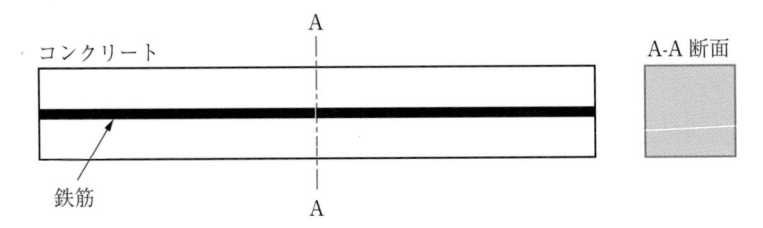

a. コンクリートと鉄筋の両方に引張応力が生じる．
b. コンクリートには引張応力が生じ，鉄筋には圧縮応力が生じる．
c. コンクリートと鉄筋の両方に圧縮応力が生じる．
d. コンクリートには圧縮応力が生じ，鉄筋には引張応力が生じる．

(H.10 コンクリート技士試験問題より抜粋)

> **ヒント**
>
> コンクリートのみが乾燥収縮したときの各材料の作用と反作用を考えてみよう．

第10章 鉄筋コンクリートの設計法

Key Points

- 設計の基本
- 許容応力度設計法と限界状態設計法
- 限界状態設計法による照査の方法
- 構造細目
- 性能規定と性能照査

【2002年制定】土木学会コンクリート標準示方書
（構造性能照査編）

学習の要点

◆設計の基本
・使用目的に適合し，安全で耐久的であること
・施工性や維持管理の容易さを考慮し，総合的に見て経済的であること
・環境によく適合すること

◆許容応力度設計法
・使用時の荷重によりコンクリートおよび鉄筋に生じる応力度を照査
・コンクリートおよび鉄筋の許容応力度（材料安全率を考慮）を規定
・照査式：$\sigma \leq \sigma_a$
　　σ：荷重により発生する応力度，σ_a：許容応力度

表 1　コンクリートの許容曲げ圧縮応力度 $\sigma'_{ca}(\text{N/mm}^2)$

項目	設計基準強度 $f'_{ck}(\text{N/mm}^2)$			
	18	24	30	40
許容曲げ圧縮応力度	7	9	11	14

表 2　鉄筋の許容引張応力度 σ_{sa} (N/mm^2)

鉄筋の種類	SD295A, B	SD345	SD390
一般の場合の許容引張応力度	176	196	206

（表 1，2 は，2002 年制定コンクリート標準示方書構造性能照査編に示されていた規定値）

◆限界状態設計法（後出の図 1 参照）

＊3 つの限界状態を英語でも覚えよう．

・各種の 限界状態＊ を具体的に設定
　終局限界状態：最大耐荷性能に対する限界状態
　使用限界状態：通常の使用性や機能確保，耐久性に関連する限界状態
　疲労限界状態：繰返し荷重により疲労破壊を生じて安全性が損なわれる
　　　　　　　　状態
・荷重や材料強度等の不確実性を安全係数で考慮
・限界状態に達する確率を許容限度以下に設定
・照査式：$\gamma_i S_d / R_d \leq 1.0$
　　γ_i：構造物係数，S_d：設計断面力あるいは設計応答値
　　R_d：設計断面耐力あるいは設計限界値

表3 各種安全係数と考慮されている内容（コンクリート標準示方書）

安全係数の種類	考慮されている内容
材料係数 γ_m	材料強度の特性値からの望ましくない方向への変動，供試体と構造物中との材料特性の差異，材料特性が限界状態に及ぼす影響，材料特性の経時変化など
荷重係数 γ_f	荷重の特性値からの望ましくない方向への変動，荷重の算定方法の不確実性，設計耐用期間中の荷重の変化，荷重特性が限界状態に及ぼす影響，環境作用の変動など
構造解析係数 γ_a	断面力算定時の構造解析の不確実性など
部材係数 γ_b	部材耐力の計算上の不確実性，部材寸法のばらつきの影響，部材の重要度，すなわち対象とする部材がある限界状態に達したときに，構造物全体に与える影響など
構造物係数 γ_i	構造物の重要度，限界状態に達したときの社会的影響など

◆構造細目

（1）構造細目とは

コンクリート構造物がその機能を十分に果たし，所要の耐久性を有するために，計算では定められない項目を規定したもの．各種耐力や変形の算定に際する前提条件となる構造細目や一般構造細目がある．

（2）重要な構造細目
・鉄筋配置（かぶり，あき，曲げ形状等）
・鉄筋の定着
・鉄筋の継手

◆性能規定と性能照査

（1）性能と機能

性能：目的または要求に応じて構造物（部材）が発揮する能力

機能：目的または要求に応じて構造物（部材）が果たす役割

（2）性能規定と仕様規定

性能規定：構造物に要求される性能とそのレベルを規定

仕様規定：構造物の形状，寸法，使用材料等を技術規準の中で規定

（3）要求性能とその照査法

構造物に要求される性能：安全性能，使用性能，第三者影響度に関する性能，美観・景観，耐久性能など

性能の照査法：設定された性能を定量評価可能な指標で表し，その数値が要求値を満足しているかどうかを照査（基本的には限界状態設計法の照査と同じ）

```
              耐力                         断面力
材料強度の特性値   $f_k(=\rho_m f_n)$        荷重の特性値   $F_k(=\rho_f F_n)$
    | $\gamma_m$                           | $\gamma_f$
材料の設計強度    $f_d=f_k/\gamma_m$        設計荷重     $F_d=\gamma_f F_k$
    |                                     |
断面耐力       $R(f_d)$                   断面力      $S(F_d)$
    | $\gamma_b$                           | $\gamma_a$
設計断面耐力    $R_d=R(f_d)/\gamma_b$       設計断面力   $S_d=\Sigma\gamma_a S(F_d)$
```

照　査　$\gamma_i S_d/R_d \leqq 1.0$

（a）断面破壊に対する安全性の照査

```
材料特性値（強度,靭性,剛性等） $f_k$           荷重の特性値   $F_k$
    | $\gamma_m$                           | $\gamma_f$
材料の設計値    $f_d$                       設計荷重     $F_d$
              |                           |
         構造物や構成部材/材料の応答値   $S(f_d, F_d)$
                        | $\gamma_a \gamma_b$
設計限界値  $R_d$       設計応答値  $S_d$
```

照　査　$\gamma_i S_d/R_d \leqq 1.0$

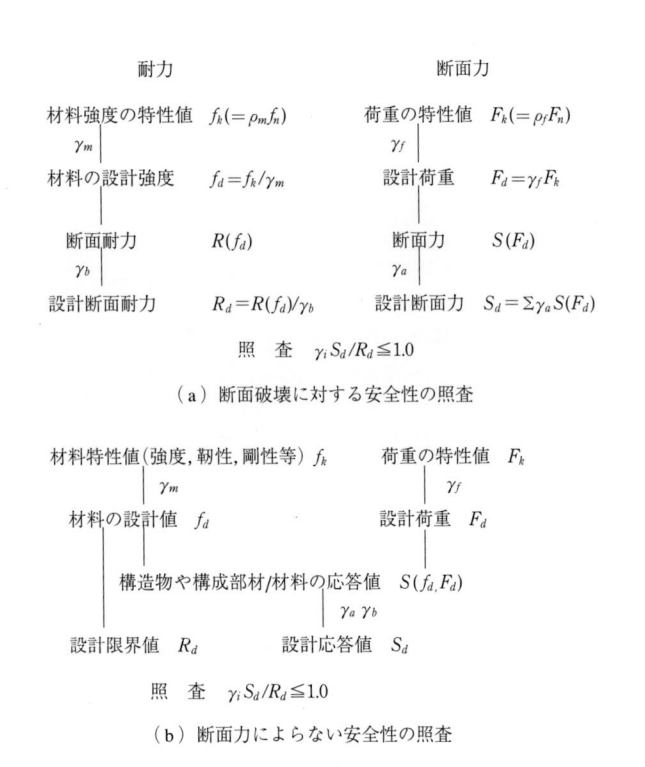

（b）断面力によらない安全性の照査

図1　限界状態設計法による照査の流れ（コンクリート標準示方書）

例題 10−1

鉄筋コンクリートの設計法に関する次の記述のうち，正しいものをすべて組み合わせているのはどれか．

a. 許容応力度設計法では，使用材料の強度によって決まる許容応力度が，設計断面力による部材応力より大きいとき，部材の安全性が保証される．鉄筋コンクリートの場合，構成材料である鉄筋とコンクリートのそれぞれに対して，このような照査が行われる．
b. 現行のコンクリート標準示方書では，限界状態として，終局限界（maximum limit state），使用限界（service limit state），疲労限界（fatigue limit state）の3つの限界状態を規定している．
c. 使用限界では，部材の転倒，滑動などにより，その構造物が使用に供することができない状態，また疲労限界では，繰返しによる疲労破壊を想定する．
d. 終局限界状態の照査に際しては，断面耐力に対しては材料強度のばらつきを考慮して，"小さめ"に設計断面耐力が算定される．この場合，主として材料係数と部材係数の2つの安全係数が用いられる．
e. 現行のコンクリート標準示方書は，主として構造性能の照査法を規定している「構造性能照査編」，「耐震性能照査編」に加えて，「施工編」，「維持管理編」，「ダムコンクリート編」，「舗装編」，「規準編」などがある．

解答群：
① a., d., e. ② b., c., e. ③ c., d. ④ a., d. ⑤ c., e.

解説

現行のコンクリート標準示方書は，目的，対象構造物，用途別に7冊刊行されている．技術の進歩と時代の変化により，数年（5〜10年）ごとに改訂されている．

a. **正しい**：許容応力度設計法では，[設計断面力による部材応力] ＜ [使用材料によって決まる許容応力度] によって安全性が照査さ

れる．これはコンクリートと鉄筋それぞれに対して別々に行われる．

b. **誤　り**：英語の表現に誤りがある．
   終局限界：maximum limit state → ultimate limit state
   使用限界：service limit state → serviceability limit state
   疲労限界：fatigue limit state → 正しい

c. **誤　り**：部材の転倒，滑動などは，終局限界として取り扱う．使用限界は，ひび割れ開口，部材変位など，設計荷重時における状態を考える．

d. **正しい**：設計断面耐力に対して：材料係数と部材係数
   設計断面力に対して：荷重係数，構造解析係数

e. **正しい**：コンクリート標準示方書は，目的によって「構造性能照査編」，「耐震性能照査編」，「施工編」，「維持管理編」，「ダムコンクリート編」，「舗装編」，「規準編」に分冊されている．

正解 ▷ ① a., d., e.

例題 10-2

次に示す a.～e. の記述のうち，誤った記述のないものはどれか．ただし，記述の正誤は，下線部のみを対象とする．

a. コンクリート標準示方書に記されている3つの限界状態のうち，終局限界は部材の崩壊，断面破壊を示し，使用限界は常時荷重下における使用性の限界を指す．鉄筋コンクリートの場合，<u>前者の例として，曲げ破壊やせん断破壊，繰返しによる破壊があり，後者の使用限界状態としては，過度なひび割れ開口やたわみが挙げられる</u>．

b. 限界状態を英語で言うと，<u>使用限界状態：useability limit state，終局限界状態：ultimate limit state，疲労限界状態：fatigue limit state</u>と表現される．

c. ひび割れ発生時の曲げモーメントは，<u>全断面有効時*</u> の断面諸元によって算定できる．このとき，<u>引張鉄筋を無視しても大きな誤差はない</u>．

d. 鉄筋コンクリート部材の<u>許容ひび割れ幅*</u>は大略 0.1～0.3cm 程度であるが，許容ひび割れ幅は，コンクリートのかぶりが小さいほ

＊ひび割れ発生以前で，引張域を含めた全断面が力学的に有効であること

＊設計上，許容できるひび割れ幅のこと．言い換えると，この幅以下であれば，ひび割れの発生が許容される．

ど，海洋コンクリートなどのように環境条件が厳しいほど，許容値を小さくしなければならない．これは，埋設してある鉄筋の腐食を抑制し，構造物の耐久性を確保するためである．
e. 土木学会コンクリート標準示方書のひび割れ幅算定式によれば，ひび割れ幅は，引張鉄筋の応力に比例し，かつコンクリートの収縮の影響が加味される．また，異形鉄筋を用いた場合，丸鋼に比べてひび割れ幅は1.2倍となる．使用限界状態の照査では，このひび割れ幅が，別途定められる許容ひび割れ幅より小さいことを確認するものである．

解答群：
① a.　② b.　③ c.　④ d.　⑤ e.

解説

3つの限界状態 (limit state) の名称と意味を再確認し，具体例とセットで覚えるとよい．当然のことながら，想定している荷重によって照査項目が異なる．

a. 誤 り：終局限界は曲げ破壊やせん断破壊など断面破壊を示し，繰返しによる破壊は疲労限界状態の1つである．
b. 誤 り：使用限界状態：useability limit state，→ serviceability limit state
c. 正しい：全断面有効時の断面2次モーメントは，引張鉄筋を無視しても誤差は少ない．
d. 誤 り：許容ひび割れ幅は 0.1～0.3 cm 程度 → 0.1～0.3 mm 程度
e. 誤 り：異形鉄筋を用いた場合，丸鋼に比べてひび割れ幅は小さくなる．コンクリート標準示方書の算定式によると，丸鋼を用いたときのひび割れ幅＝異形鉄筋を用いた場合×1.3倍

c., d., e. については，第14章を参照してもらいたい．

正解 ▶ ③ c.

【練習問題10-1】

鉄筋コンクリートの設計法に関する次の記述のうち，正しいものの組合せはどれか．

a. 許容応力度設計法では，設計断面力による部材応力が，使用材料の許容応力度より大きいとき，部材の安全性が保証される．
b. 終局強度設計法では，種々の荷重を大きめに割り増して設計断面力が設定され，断面耐力に対しては材料強度などのばらつきを考慮して，小さめに設計断面耐力が決定される．
c. 終局強度設計法では，設計断面耐力が設計断面力より大きい場合，断面の安全性が照査される．
d. 現行のコンクリート標準示方書に設定されている限界状態として，終局限界，機能限界，耐久限界の3つの限界状態がある．
e. 一般に3つの限界状態は，終局限界を ultimate limit state，使用限界を serviceability limit state，疲労限界を fatigue limit state と英訳される．

解答群：
① a., b., e.   ② b., c., e.   ③ c., d.   ④ a., d.   ⑤ c., e.

ヒント

文中の「大きい」，「小さい」ということに注意せよ．現行のコンクリート標準示方書に記述されている，照査と限界状態をセットで整理するとよい．

【練習問題10-2】

限界状態設計において用いられる部分安全係数について，それぞれの安全係数と考慮されている内容を示した以下の記述のうち，誤っているものはどれか．

a. 材料係数：材料強度の特性値からの望ましくない方向への変動
b. 部材係数：断面耐力算定の不確実性
c. 荷重係数：荷重の特性値からの望ましくない方向への変動

d. 構造解析係数：荷重算定方法の不確実性
e. 構造物係数：構造物の重要度

解答群：
① a.　② b.　③ c.　④ d.　⑤ e.

ヒント

「学習の要点」の表3をもう一度確認しよう．

【練習問題10−3】

鉄筋コンクリートの設計法に関する次の記述のうち，正しいものをすべて組み合わせているのはどれか．

a. 現行のコンクリート標準示方書によれば，使用性の照査（使用限界状態）と安全性の照査（終局限界状態と疲労限界状態）が構造性能照査編にて規定されており，このほかに耐震性の照査は耐震性能照査編，耐久性の照査は施工編（一部，構造性能照査編に）に規定されている．
b. 耐震性の照査に際しては，設計地震動としてレベルⅠ地震動，レベルⅡ地震動，レベルⅢ地震動，耐震性能として耐震性能1，耐震性能2，耐震性能3のように区分されている．
c. 耐震性能1（地震後にも機能は健全で，補修をしないで使用可能）の照査は，レベルⅠ地震動（耐用期間中に数回発生する大きさの地震動）に対して行う．この場合，断面のひび割れを発生させないように配慮することが肝要である．
d. 耐震性能2（地震後に短時間で機能回復），耐震性能3（構造物全体系が崩壊しない）の照査は，レベルⅡ地震動（耐用期間中に発生する確率が極めて小さい強い地震動）に対して行う．この場合，断面の鉄筋降伏を許容し，塑性変形能に対する照査を行うことが多い．
e. 設計地震荷重は，設計スペクトルとして，設計震度もしくは設計最大加速度として与えられる場合がある．設計スペクトルによる設計震度は，構造物の固有周期と耐力に影響される．

解答群：
① a., e.　② b., c.　③ c., d.　④ a., d.　⑤ c., e.

ヒント

コンクリート標準示方書「耐震性能照査編」をまず熟読すること．性能照査型設計法では，耐震性能と設計地震をセットで取り扱う．

【練習問題10−4】

鉄筋コンクリートの設計法に関する次の記述のうち，誤りを含むものの組合せはどれか．

a. 性能照査型設計法では，まず構造物に与えられている性能を明確に設定し，これに対応する限界状態を規定する．そして，設計条件下において，この限界状態に至らないことを確認することで，性能照査を行うものである．

b. 性能照査型設計法は，これまでの限界状態設計法や許容応力度設計法とはまったく異なる合理的な設計法である．2002年度制定のコンクリート標準示方書[構造性能照査編]では，性能照査型設計法が新しく採用されている．

c. 設計耐用期間とは，「構造物または部材が，破壊したり，崩壊しないことが十分に保証されている期間」を意味する．

d. 安全性の照査における安全係数は，荷重係数 γ_f，構造解析係数 γ_a，材料係数 γ_m，部材係数 γ_b，および構造物係数 γ_i がある．γ_f，γ_a は設計作用荷重の算定に，γ_m，γ_b は設計断面耐力の算定に，γ_i は両者による照査に用いられる．

e. 設計に用いられる荷重として，永久荷重（ほとんど変動のない持続的荷重），変動荷重（繰返し変動する荷重），偶発荷重（ごくまれ生じる荷重で，作用すれば重大な影響を及ぼすもの）などがある．

解答群：
① a., b.　② b., c.　③ c., e.　④ a., d.　⑤ d., e.

ヒント

性能照査型設計法の考え方を理解し，安全係数と設計荷重は一覧表に

整理して覚えること．また，性能照査型設計法における要求性能の照査には，これまでの限界状態設計法を採用している．

> **【練習問題10－5】**
>
> 鉄筋の継手に関する次の記述のうち，不適切なものはどれか．
>
> a. 圧着継手などの機械的継手は，太径の鉄筋に用いる．
> b. 重ね継手の重ね合せ長さは，鉄筋の直径が大きいほど長くなる．
> c. 重ね継手を設ける場合には，できるだけ部材の同一断面に集中させる．
> d. ガス圧接作業は，圧接部にふくらみを生じさせるように行わなければならない．
>
> ---
>
> **解答群：**
> ① a.　② b.　③ c.　④ d.

ヒント

コンクリート標準示方書［構造性能照査編］の構造細目を参照し，重要な項目は覚えておこう．

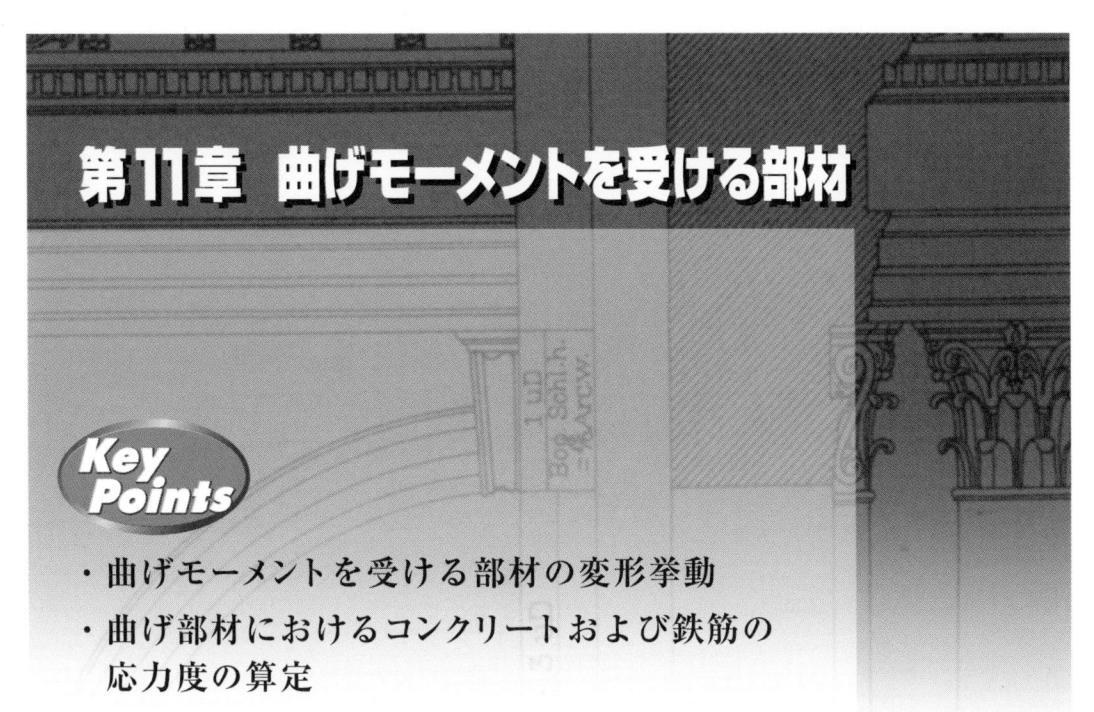

第11章 曲げモーメントを受ける部材

Key Points

・曲げモーメントを受ける部材の変形挙動
・曲げ部材におけるコンクリートおよび鉄筋の応力度の算定
・部材の終局曲げ耐力の算定
・曲げ破壊に対する安全性の検討
（終局限界状態の照査）

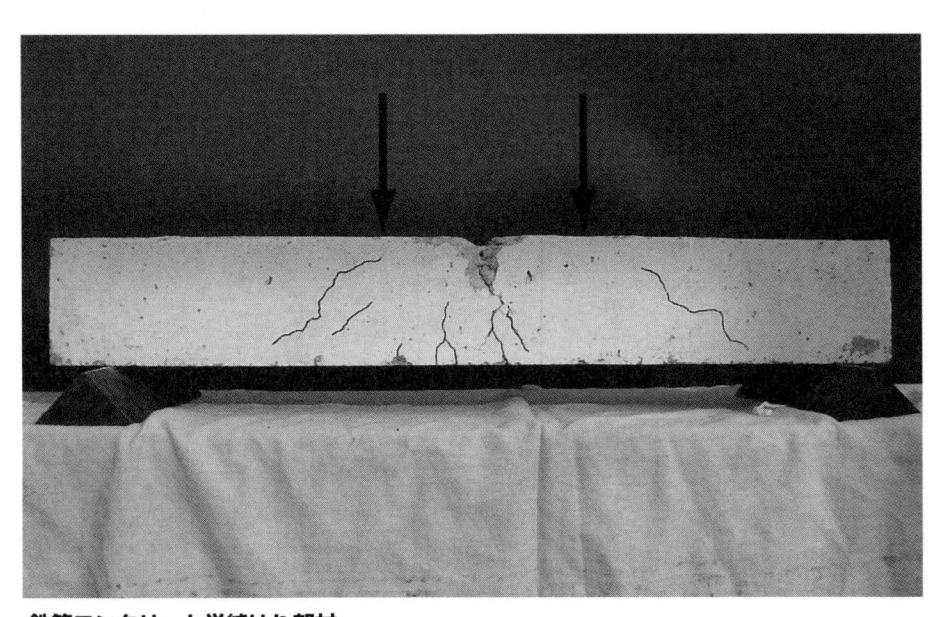

鉄筋コンクリート単純はり部材
中央に曲げひび割れ，せん断スパンにせん断ひび割れを生じたが，最終的に曲げ破壊した。

学習の要点

◆曲げ部材の変形挙動
（1）断面内応力分布の推移と変形の関係
- 状態①： 全断面有効，コンクリートおよび鉄筋は弾性範囲
- 状態②： 曲げひび割れ発生，全断面有効からひび割れ断面へ
- 状態③： コンクリート引張抵抗はほぼ消失，圧縮域コンクリートはほぼ弾性範囲，鉄筋は弾性範囲
- 状態④： 主引張鉄筋降伏，圧縮域コンクリートは塑性域へ移行（部材の降伏）
- 状態⑤： 圧縮縁コンクリートの圧壊（部材の終局）

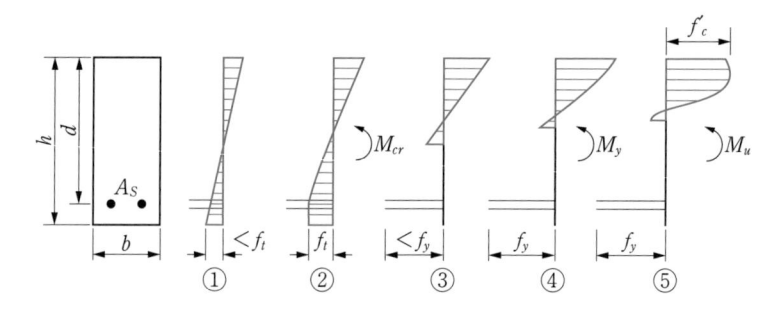

図1　単鉄筋長方形断面の応力分布の推移

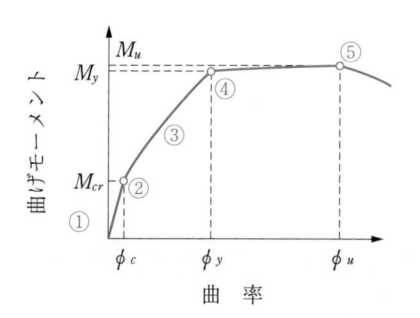

図2　曲げモーメント－曲率関係

◆単鉄筋長方形断面の応力度の算定
（1）応力算定上の基本仮定
- ひずみは断面の中立軸からの距離に比例（平面保持の仮定）
- コンクリートの引張応力を無視

第 11 章　曲げモーメントを受ける部材

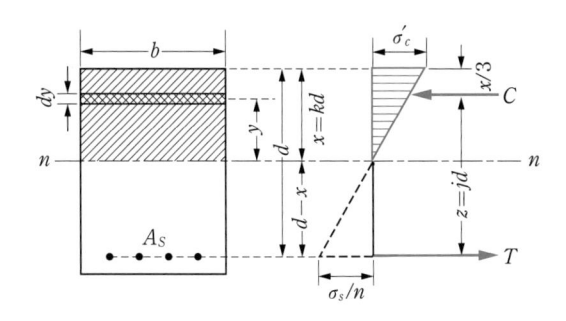

図 3　単鉄筋長方形断面の使用状態の応力分布

- コンクリートおよび鉄筋は弾性体

(2) コンクリートおよび鉄筋の応力度

- コンクリートの圧縮応力度

$$\sigma'_c = \frac{2M}{kjbd^2} \tag{1}$$

- 鉄筋の引張応力度

$$\sigma_s = \frac{M}{A_s jd} = \frac{M}{pjbd^2} \tag{2}$$

M：作用曲げモーメント，k：中立軸比 $(= -np + \sqrt{(np)^2 + 2np})$，$n$：ヤング係数比 $(= E_s/E_c)$，E_s：鉄筋のヤング係数，E_c：コンクリートのヤング係数，p：引張鉄筋比 $(= A_s/(bd))$，$j = 1 - \frac{k}{3}$，d：有効高さ，b：断面の幅，A_s：引張鉄筋の断面積

◆単鉄筋長方形断面の終局曲げ耐力

(1) 終局曲げ耐力の算定上の仮定
- ひずみは断面の中立軸からの距離に比例（平面保持の仮定）
- コンクリートの引張応力を無視
- 圧縮縁ひずみが終局値 ε'_{cu} に達したとき断面は破壊
- コンクリートおよび鉄筋の応力－ひずみ関係は定められているものとする

(2) 等価応力ブロックによる終局曲げ耐力の算定

$$M_u = A_s f_{yd} (d - 0.5a) \tag{3}$$

f_{yd}：鉄筋の設計降伏強度，a：等価応力ブロックの高さで，一般に次式で求めてよい（コンクリート標準示方書［構造性能照査編］）．

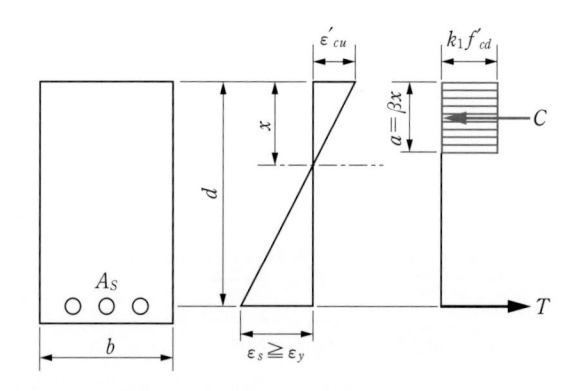

図 4　単鉄筋長方形断面の終局時のひずみ分布と等価応力ブロック

$$a = \beta x = \frac{A_s f_{yd}}{k_1 f'_{cd} b} = \frac{p f_{yd} d}{k_1 f'_{cd}} \tag{4}$$

$$\beta = 0.52 + 80 \varepsilon'_{cu} \tag{5}$$

$$k_1 = 1 - 0.003 f'_{ck} \leqq 0.85 \tag{6}$$

$$\varepsilon'_{cu} = \frac{155 - f'_{ck}}{30000} = \frac{155 - f'_{ck}}{30} \cdot 10^{-3}$$
$$(ただし, 0.0025 \leqq \varepsilon'_{cu} \leqq 0.0035) \tag{7}$$

さらに，式 (3) から，式 (4) を用いて等価応力ブロック高さ a を消去し，整理すると次の 2 式が得られる．

$$M_u = bd^2 \cdot p f_{yd} \left(1 - \frac{1}{2k_1} \cdot \frac{p f_{yd}}{f'_{cd}}\right) \tag{8}$$

$$\frac{M_u}{bd^2 f'_c} = \varphi \left(1 - \frac{1}{2k_1} \varphi\right), \quad ただし, \quad \varphi = \frac{p f_{yd}}{f'_{cd}} : 鉄筋係数 \tag{9}$$

ここで，普通コンクリート ($f'_{ck} \leq 50 N/\mathrm{mm}^2$) を考えると，式 (5), (6), (7) から，$\varepsilon'_{cu} = 0.0035$, $\beta = 0.80$, $k_1 = 0.85$ となり，したがって，$1/2k_1 = 1/1.7$ が得られる．

◆限界状態設計法による曲げ破壊安全度の照査

$$\gamma_i M_d / M_{ud} \leqq 1.0 \tag{10}$$

γ_i：構造物係数，M_d：設計曲げモーメント，M_{ud}：設計曲げ耐力

例題 11−1

弾性理論（RC断面）を用いて曲げモーメントを受ける鉄筋コンクリートはりの断面算定を行う場合，その基本仮定に関する次の記述のうち，もっとも不適当なものはどれか．

a. コンクリートは引張力を受け持たないものとする．
b. 断面に生じるコンクリートのひずみは，中立軸からの距離にかかわらず一定とする．
c. 鉄筋の応力は，降伏するまではひずみに比例するものとする．
d. 鉄筋は，圧縮力を受け持たないとすることがある．

解説

弾性理論を用いて，曲げモーメントを受ける鉄筋コンクリートはりの断面計算，応力度計算（慣例に従い，弾性解析（RC断面と呼ぶ））を行う際には，次の3つの仮定が用いられる．

1) 平面保持の仮定（断面内のひずみは直線分布で中立軸からの距離に比例する）．
2) コンクリートの引張応力は，これを無視する．
3) コンクリートおよび鋼材はともに弾性体とし，そのヤング係数は一定とする．

設問 a.～c. は，上記の3項目に対応して判断できる．
一方，設問中の d. については以下のように考える．
断面の圧縮側に配置された鉄筋の断面積にヤング係数比を乗じて求まる断面積に圧縮コンクリート断面積を加えたものが，コンクリートに換算した圧縮断面積となる．したがって，圧縮鉄筋を無視すると，一般にコンクリートの曲げ圧縮応力度は安全側の評価となる．また，曲げモーメントが小さい範囲では，計算上圧縮鉄筋がなくても断面設計できる場合がある．このように，計算の簡便性から，圧縮鉄筋の応力を無視して断面設計や応力度の計算を行う場合がある．

正解 ▷ b.

例題 11−2

図は，曲げモーメントを受ける鉄筋コンクリート断面（単鉄筋長方形断面）の断面仮定を示したものである．この図の記述について，誤っているものの組合せを解答群から一つ選べ．

曲げモーメントを受ける鉄筋コンクリート断面の解析法

	Ⅰ：弾性解析（全断面有効）	Ⅱ：弾性解析（RC断面）	Ⅲ：塑性解析
断面の応力分布			

a. 図中Ⅰ：弾性解析（全断面有効）では，ひび割れ前の純弾性状態に対して用いられる断面仮定であり，通例，鉄筋を考えなくてもよい．

b. 図中Ⅱ：弾性解析（RC断面）では，引張領域のコンクリートを無視するが，コンクリート引張応力を引張鉄筋が代替することになる．これは，許容応力度設計法，または限界状態設計法（使用限界状態，疲労限界状態）の計算に用いられる．

c. Ⅱ：弾性解析（RC断面）では，断面が under-reinforcement* であっても，圧縮側コンクリートの圧縮破壊に注意する必要がある．

d. Ⅲ：塑性解析（終局耐力の算定）では，断面の終局状態をモデル化したもので，通例，圧縮側コンクリートは等価応力ブロックを用い，鉄筋については，under-reinforcement の場合，引張鉄筋は未降伏状態，over-reinforcement*（過鉄筋）の場合，引張鉄筋は降伏状態を考える．

e. 軸力作用下における曲げ解析においても，基本的に図のような断面仮定をそのまま用いることができる．

*この英語に対する適当な日本語訳はない．

*通例，過鉄筋と訳される．

解答群：

① a., c.　② b., d.　③ c., e.　④ a., e.　⑤ c., d.

解説

　曲げ解析における3つの断面仮定をまとめたものである．鉄筋コンクリート断面の曲げ理論の基本となる．

　これら3断面は，いずれも正の曲げモーメントを受ける場合であり，図の上側が圧縮域，下側が引張域となっている．各断面が，「学習の要点」にて示した図1および図2の①から⑤のうちのどこを表しているかを考えると理解しやすい．

a. 正しい：全断面有効の場合，鉄筋を考えなくても大きな違いはないと考えてもよい．引張鉄筋は，ひび割れ発生（コンクリートの引張破壊）以降，特に効果を発揮する．
b. 正しい：弾性解析（RC断面）は，許容応力度設計法，または，限界状態設計法（使用限界状態，疲労限界状態）の計算に用いられ，RC断面の基本理論である．
c. 誤　り：弾性解析（RC断面）では，使用状態の解析であり，材料の破壊（圧縮破壊，鉄筋降伏）は考えない．すなわち，許容応力度設計法または使用限界状態に用いるもので，断面の終局耐力以下における荷重状態を考えるものである．
d. 誤　り：塑性解析による終局耐力の算定に際しては，断面が under-reinforcement の場合，引張鉄筋は降伏状態を考える．
e. 正しい：純曲げ状態，および軸力＋曲げの両者いずれも曲げ解析の断面仮定は共通する．

正解 ▷ ⑤ c. と d.

例題 11–3

　曲げモーメント $M=180\,\text{kN·m}$ が作用したときのコンクリートの圧縮応力度 σ'_c，および鉄筋の引張応力度 σ_s を求めよ．ただし，次の条件を用いる．

断面諸元：単鉄筋長方形断面，$b=450\,\text{mm}$，$d=560\,\text{mm}$，$A_s=4\text{–D29}$
材料条件：コンクリートの設計基準強度 $f'_{ck}=24\,\text{N/mm}^2$，ヤング係数 $E_c=25\,\text{kN/mm}^2$，鉄筋のヤング係数 $E_s=200\,\text{kN/mm}^2$

> **解説**

弾性解析（RC断面）における作用応力を求めるものであり，「学習の要点」にある算定式 (1)，(2) を用いればよい．

① 諸係数の算定

ヤング係数比 n : $n = E_s/E_c = 200/25 = 8.0$

鉄筋量 = 4-D29 $(A_s = 2570\,\text{mm}^2)$ → 鉄筋比：$p = A_s/(bd) = 2570/(450 \times 560) = 0.01020$

$np = 8.0 \times 0.01020 = 0.0816$ → 中立軸比：$k = -np + \sqrt{(np)^2 + 2np}$
$= -0.0816 + \sqrt{0.0816^2 + 2 \times 0.0816} = 0.331$

$j = 1 - k/3 = 1 - 0.331/3 = 0.890$

② 単鉄筋長方形断面の σ'_c, σ_s の算定

$$\sigma'_c = 2M/(kjbd^2) = 2 \times 180 \times 10^6/(0.331 \times 0.890 \times 450 \times 560^2)$$
$$= 8.66\,\text{N/mm}^2$$
$$\sigma_s = M/(A_s jd) = 180 \times 10^6/(2570 \times 0.890 \times 560)$$
$$= 140.5\,\text{N/mm}^2$$

なお，この場合，以下に示す換算断面2次モーメント I_i を用いる方法で σ'_c, σ_s を求めても同様の結果が得られる．

$$x = kd$$
$$I_i = \frac{bx^3}{3} + nA_s(d-x)^2$$
$$\sigma'_c = \frac{M}{I_i}x$$
$$\sigma_s = n\frac{M}{I_i}(d-x)$$

また，許容応力度設計においては，ヤング係数比を $n = 15$ として計算を行うのが慣例である．

> **正解** ▷ $\sigma'_c = 8.66\,\text{N/mm}^2$，$\sigma_s = 140.5\,\text{N/mm}^2$

10章の許容応力度（表1，表2）と比較せよ．

第 11 章　曲げモーメントを受ける部材

【練習問題 11-1】

図①～⑤は，荷重 P を受ける鉄筋コンクリート構造物の引張鉄筋の配置を模式的に示したものである．最も適切なものを一つ選択せよ．

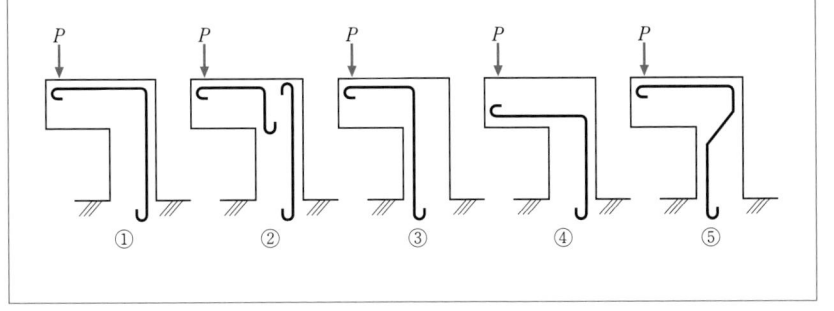

ヒント

まず，この部材の曲げモーメント分布を考え，次に各断面の引張応力側を考える．

【練習問題 11-2】

図のような，両端に荷重 P を受ける鉄筋コンクリートはりの主(鉄)筋配置に関する次の記述のうち，正しいものはどれか．ただし，自重は無視する．

(H.7 コンクリート技士試験問題より抜粋)

a. 両端では上側に，中央では下側に配置する．
b. 両端では下側に，中央では上側に配置する．
c. 全長にわたって上側に配置する．
d. 全長にわたって下側に配置する．

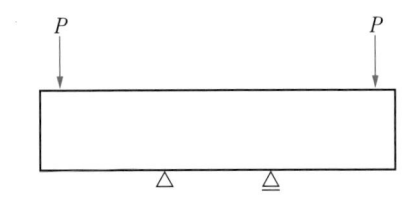

ヒント

練習問題 1 と同様に，まず曲げモーメント分布を考え，引張応力が生

じる側に鉄筋を配置する．

> **【練習問題11-3】**
>
> 　曲げモーメントを受ける鉄筋コンクリートに関する次の記述のうち，正しいものの組合せはどれか．
>
> a. 曲げモーメントを受ける鉄筋コンクリート断面のひずみ分布は，断面内高さ方向に直線分布を仮定するが，これは終局耐力の算定に際しても適用できる．一方，コンクリートの応力は，弾性解析に際しては線形分布，終局耐力の算定に対しては等価応力ブロックを用いる．
>
> b. 曲げモーメントを受ける鉄筋コンクリートは，過鉄筋状態でも主鉄筋の増大に伴い曲げ終局耐力が増大する．この場合の破壊はきわめて脆性的となるが，設計上所定の安全率を満足すれば過鉄筋としてもよい．
>
> c. 圧縮鉄筋と引張鉄筋を有する断面を複鉄筋断面といい，引張鉄筋を考えない場合，単鉄筋断面となる．
>
> d. 引張鉄筋量があまり少ないと，曲げ引張ひび割れの発生と同時に引張鉄筋が降伏し，鉄筋コンクリートの抵抗機構が成立しない．このような観点から，「最小鉄筋比」が規定されている．一方，過鉄筋とならないため，「最大鉄筋比」が定められている．
>
> e. はり部材に配置される鉄筋は，主鉄筋（軸方向鉄筋）と腹鉄筋（スターラップ，折曲げ鉄筋）に分類され，前者は曲げモーメント，後者はせん断力に抵抗するもので，両鉄筋とも予想されるひび割れに沿って配置することが原則である．
>
> **解答群：**
> ① a., d.　② b., c.　③ a., c.　④ b., e.　⑤ d., e.

ヒント

　過鉄筋（over-reinforcement）とそうでない場合（under-reinforcement）の定義と工学的な意味を考える．

【練習問題11−4】

図は，鉄筋コンクリート単純はりの，荷重 P と中央部のたわみ δ との関係を示したものである．この図に関する次の記述のうち，誤っているものを解答群の中から一つ選べ．

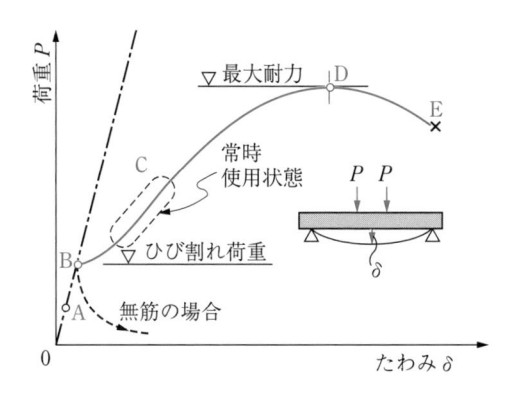

a. 図中 A は弾性状態（初期ひび割れ発生以前の状態）にあり，B 点にて初期ひび割れ*が発生し，ただちに剛性が低下する．ただし，鉄筋量が極端に少ないと，ひび割れ発生直後に主鉄筋が降伏することがあり，最小鉄筋（0.2％程度）の配筋が必要になる．
b. 常時の使用状態は，図中 C のように初期ひび割れ以降の領域を考え，弾性解析（RC 断面）にて設計する．すなわち，使用状態においては，曲げひび割れの発生を認めていることになる．
c. 図中 C の状態では，ただちに部材が崩壊するわけではないが，ひび割れ幅，たわみなどを検討する必要がある（使用限界状態の照査）．
d. 点 D にて最大耐力となるが，断面の配筋が under-reinforcement であれば，引張鉄筋は降伏することなく，終局状態となる．

＊ここでは曲げひび割れを意味する．

解答群：
① a.　② b.　③ c.　④ d.　⑤ すべて正しい

ヒント

このような，非線形変形挙動を図示する場合は，横軸：変形，縦軸：荷重，となることに注意せよ．

【練習問題11-5】

曲げモーメントを受ける鉄筋コンクリートはりの許容応力度設計における釣合鉄筋比に関する次の記述のうち，不適当なものはどれか．

a. コンクリートの圧縮縁応力度と引張鉄筋の応力度がそれぞれの許容応力度に同時に達するような引張鉄筋比を，釣合鉄筋比という．
b. 引張鉄筋比は，一般に釣合鉄筋比以下とする．
c. 引張鉄筋比が釣合鉄筋比以下の断面では，許容曲げモーメントの値はほぼ引張鉄筋比に比例する．
d. コンクリートの設計基準強度を上げると，釣合鉄筋比の値が小さくなる．

(H.7 コンクリート技士試験問題より抜粋)

ヒント

*例題 11-2 の図のうち II：弾性解析（RC 断面）を参照せよ．

釣合鉄筋比の意味と断面設計の 原則* を理解していれば容易に解答できる．

【練習問題11-6】

以下の文章は，単鉄筋長方形断面の通常の使用状態における曲げ応力度を求める手順について示したものである．【①】～【⑪】に適切な用語，記号，数式，数字を入れよ．

なお，E_c：コンクリートのヤング係数，E_s：鉄筋のヤング係数，$n (= E_s/E_c)$：ヤング係数比とする．

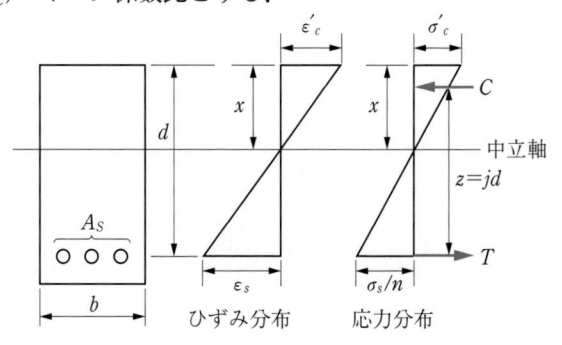

図　ひずみおよび応用分布

図は通常の使用状態で曲げモーメント M が作用したときのひずみ分

布および応力分布を示したものである.

このときの断面上縁のコンクリートひずみ ε_c' は,σ_c' および E_c を用いれば ε_c'=【①】と表すことができる.同様に鉄筋のひずみ ε_s を σ_s および E_s を用いて表せば ε_s=【②】となる.ひずみの適合条件より,$\varepsilon_c'/\varepsilon_s$ を x, d を用いて表せば,$\varepsilon_c'/\varepsilon_s$=【③】となり,これらから σ_c'/σ_s を x, d, n により表すと σ_c'/σ_s=【④】となる.

圧縮力 C=【⑤】,引張力 T=【⑥】であるから,力の釣合条件式 $C=T$ より,中立軸 x を b, d, A_s, n で表すと,x=【⑦】となる.また,$x=kd$ としたときの k を【⑧】と呼び,k を n および鉄筋比 $p (= A_s/(bd))$ を用いて表すと,k=【⑨】となる.

内力 C および T による抵抗モーメントと外力による曲げモーメント M は等しくなければならないので,$M=C\cdot z=T\cdot z$ となる.このことから,$z=jd$,$j=1-k/3$ として,σ_c' および σ_s の算定式を k, j, b, d, A_s, M 等を用いて表せば,それぞれ σ_c'=【⑩】,σ_s=【⑪】となる.

ヒント

まず,使用記号(鉄筋とコンクリートの応力,ひずみ,ヤング係数,寸法など)を整理して,文章の記述に従い,算定式を求めよう*.

*「学習の要点」の図 3,式 (1),式 (2) にて確認せよ.

【練習問題11-7】

スパン 10 m の単純はりに等分布荷重 5 kN/m(自重含む)とスパン中央に集中荷重 40 kN が作用している.最大曲げモーメント作用点におけるコンクリートの曲げ圧縮応力度 σ_c',引張鉄筋の引張応力度 σ_s,圧縮鉄筋の圧縮応力度 σ_s' を計算せよ.

ただし,以下のような条件を設定する.

断面諸元:複鉄筋長方形断面 $b=400$ mm,$d=500$ mm,$d'=50$ mm,
A_s = 4-D25,A_s' = 3-D22

材料条件:コンクリートの設計基準強度 f_{ck}'=30N/mm^2,ヤング係数 $E_c=28$ kN/mm^2,鉄筋のヤング係数 $E_s=200$ KN/mm^2

ヒント

複鉄筋長方形断面の応力度を算定する問題である.教科書などを参考にしてチャレンジしてみよう.

【練習問題11–8】

単鉄筋 T 型断面（$b = 1200\,\text{mm}$, $b_w = 300\,\text{mm}$, $t = 120\,\text{mm}$, $d = 600\,\text{mm}$, $A_s = $ 5-D25）に，$M = 240\,\text{kNm}$ の曲げモーメントが作用したとき，コンクリートの圧縮応力度 σ'_c，鉄筋の引張応力度 σ_s を求めよ．ただし，ヤング係数比は $n = 15$ とする．

ヒント

弾性解析（RC 断面）における作用応力を求めるものであるが，まず，中立軸位置から，T 型断面とするか，長方形断面としてよいか，を確認する．

【練習問題11–9】

ポストテンション方式のプレストレストコンクリート単純はりが，その上面全体に等分布荷重を受ける場合の緊張材の配置を示した次の図のうち，力学的に合理的なものはどれか．

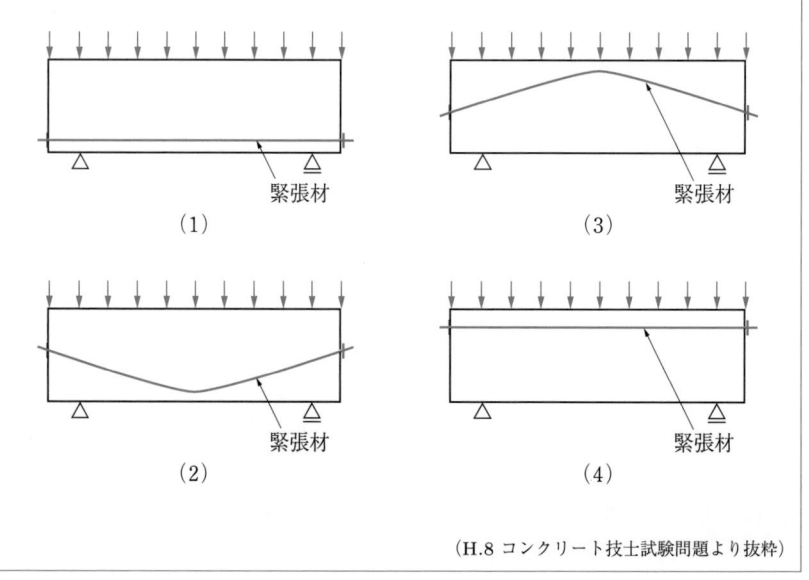

(1) 緊張材

(2) 緊張材

(3) 緊張材

(4) 緊張材

（H.8 コンクリート技士試験問題より抜粋）

ヒント

荷重による応力分布とプレストレストコンクリートの特徴を理解しておけばよい．

【練習問題11-10】

以下の文章は，導入プレストレス力 P_t による断面の上縁応力度 σ'_{ct} ならびに下縁応力度 σ_{ct} を計算する手順を示したものである．図を参考にして【①】～【⑦】内に適切な記号または式を入れよ．

図に示すようなT形断面において図心軸から e_p だけ離れた位置に導入プレストレス力 P_t が作用する場合，中心軸圧縮力 $N=$【①】と偏心による曲げモーメント $M=$【②】が同時に作用するものとして考えればよい．中心軸圧縮力による応力は，コンクリート純断面の断面積を A_c とすれば，$\sigma'_{ct1}=\sigma_{ct1}=$【③】となる．一方，曲げモーメントによる応力は，コンクリート純断面の図心軸に関する断面二次モーメントを I_c とすれば，圧縮を正として，上縁側で $\sigma'_{ct2}=$【④】，下縁側で $\sigma_{ct2}=$【⑤】となる．したがって，上縁・下縁の応力はそれぞれその両者を合算して，$\sigma'_{ct}=$【⑥】，$\sigma_{ct}=$【⑦】となる．

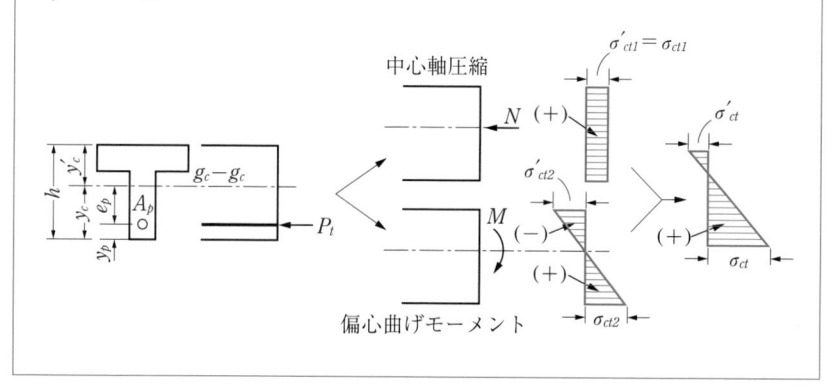

ヒント

プレストレストコンクリートのプレストレス力導入時の問題．基本的に，軸力と曲げモーメントを受ける断面として，弾性解析する．

【練習問題11-11】

以下の文章は，単鉄筋長方形断面の終局曲げ耐力を求める手順について記述したものである*．図を参考にして【①】～【⑬】に適切な用語，記号，数値，数式を入れよ．ただし，同じ番号には同じものが入ることに注意すること．なお，記号は図中のものを使用し，コンクリート

＊「学習の要点」のうち，「単鉄筋長方形断面の終局曲げ耐力」を参考にせよ．

の設計圧縮強度を f'_{cd}，コンクリートの終局圧縮ひずみを ε'_{cu}，鉄筋の設計引張降伏強度を f_{yd}，鉄筋の降伏時ひずみを ε_y とする．

ひずみ分布　　応力分布

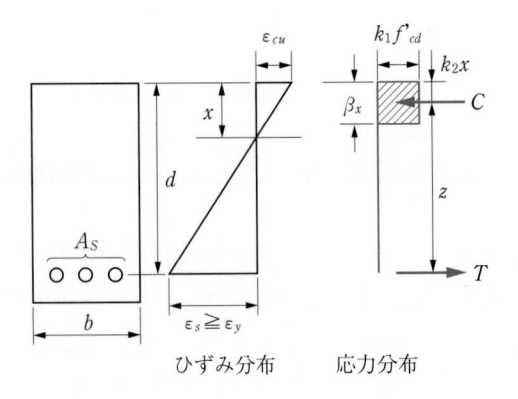

図は，曲げ破壊時の断面内のひずみ分布と応力分布を示したものである．ここで，応力分布の斜線部は非線形な応力分布を等価な長方形に置き換えたものであり，【①】と呼ばれる．また，その大きさを表す図中の k_1, k_2, β を【②】という．このように考えると，断面に作用する軸方向圧縮力は C=【③】となり，一方，軸方向引張力は T=【④】となる．したがって，力の釣合条件式 $C=T$ より，破壊時の中立軸 x を求めると，x=【⑤】となる．終局曲げ耐力（抵抗モーメント）M_u は $M_u = T \cdot z$ で与えられるが，z=【⑥】より，最終的に M_u=【⑦】として算定することができる．

ただし，この場合は破壊時に鉄筋が【⑧】していることを前提としているため，このことを確認しておく必要がある．そのためには，鉄筋が【⑧】すると同時にコンクリートが圧縮破壊するような断面の鉄筋比（これを【⑨】という，記号 p_b）を求めておき，鉄筋比が【⑨】以下であることを確認しておかなければならない．このような断面の破壊時の中立軸を x_b とすれば，図中のひずみ分布より，$\varepsilon'_{cu}, \varepsilon_y$ および d を用いれば，x_b=【⑩】となる．

一方，このときの鉄筋量を A_{sb} とすれば，x=【⑤】であることを参照して，x_b=【⑪】と記述することができる．これらより，【⑨】は $p_b = A_{sb}/(bd)$=【⑫】として求めることができる．

なお，コンクリート標準示方書構造性能照査編では，脆性的な破壊を防止する目的から，曲げモーメントの影響が支配的な棒部材では，最大鉄筋比を【⑨】の【⑬】%以下に規定している．

第 11 章　曲げモーメントを受ける部材

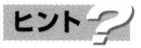

> **ヒント**
>
> まず，使用記号（材料の応力，ひずみ，強度，断面の寸法など）を整理して，書き出してみよう．次に，文章の記述/仮定に従い，算定式を求めよう．

【練習問題11–12】

図は，鉄筋コンクリート断面（単鉄筋長方形断面）の終局耐力 M_u を算定/図化したものである．図中で，$p =$ 鉄筋比，$p_b =$ 釣合い鉄筋比，$f_y =$ 鉄筋の降伏強度，$f'_c =$ コンクリートの圧縮強度，$b =$ 断面幅，$d =$ 断面有効高さである．この図に関する次の記述のうち，正しいものの組合せはどれか．

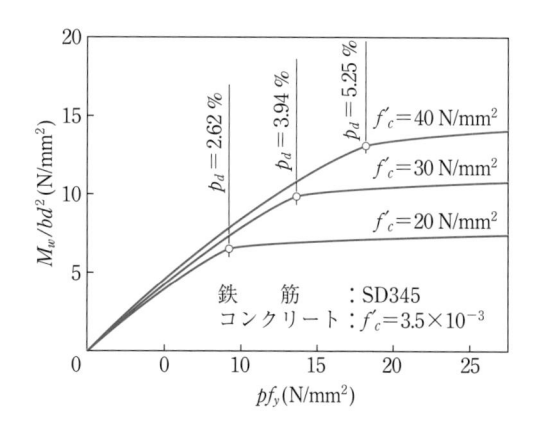

（図：縦軸 M_w/bd^2 (N/mm²)，横軸 pf_y (N/mm²)．曲線 $f'_c = 40, 30, 20$ N/mm²．$p_d = 2.62\%, 3.94\%, 5.25\%$．鉄筋：SD345，コンクリート：$f'_c = 3.5 \times 10^{-3}$）

a. 過鉄筋状態（over-reinforcement）では，鉄筋量を増大しても曲げ終局耐力は増加しない．

b. under-reinforcement の状態では，曲げ終局耐力に対するコンクリート強度の影響は小さい．

c. under-reinforcement の状態では，SD345 の代わりに SD390 を用いると曲げ終局耐力は 1.2 倍に上昇する．

d. コンクリートが高強度になるほど，釣合鉄筋比は大きくなる．

e. コンクリートの圧縮強度が $40\,\mathrm{N/mm^2}$，引張鉄筋の鉄筋比が 1.5% で SD345 を用いた場合の曲げ終局耐力は，概略 $M_u = 450\,\mathrm{kNm}$ である．ただし，$b = 50\,\mathrm{cm}$，$d = 100\,\mathrm{cm}$ とする．

解答群：
① a., b.　② a., c.　③ c., e.　④ b., d.　⑤ d., e.

ヒント

終局耐力に与える鉄筋量とコンクリート強度の影響を under-reinforcement と over-reinforcement のそれぞれの場合で考える．e については，図中から概略値を読みとり，算定する．

【練習問題11-13】

例題 11-3 において，使用鉄筋の材質を SD295A とするとき，この断面の設計曲げ耐力を求めよ．ただし，必要な安全係数（10章を参照）は各自で設定せよ．

ヒント

式 (3)〜(7) を用いればよい．ただし，材料強度の替わりに，安全係数を考慮して，設計強度を用いる必要がある．

第12章 軸力と曲げモーメントを受ける部材

Key Points

- 柱部材の役割：中心軸圧縮と偏心軸圧縮
- 鉄筋コンクリート単柱の種類：帯鉄筋柱，らせん鉄筋柱
- 中心軸圧縮を受ける部材の設計耐力式
  （コンクリート標準示方書）
- 軸力と曲げの破壊包絡線の理解
- 橋脚の設計：作用する荷重と断面力

軸力と曲げを受ける単柱部材
柱基部にて曲げ破壊

学習の要点

◆鉄筋コンクリート単柱

(1) 柱部の役割
- 上方からの上載荷重を下部または基礎に伝える鉛直部材.
- 常時は,主として軸圧縮荷重を受けるが,偏心軸圧縮となることが多い.このため,断面には圧縮軸力と曲げモーメントが作用する.
- 地震時は,慣性力により柱頭に交番水平荷重が作用し,これにより曲げモーメントとせん断力が作用する.

(2) 鉄筋コンクリート単柱の種類

鉄筋コンクリート柱部材には,軸方向筋(主鉄筋)とこれを取り囲む横補強筋が配筋される.横補強筋の種類により,次の2つの形式に分類される.

帯鉄筋柱:柱の軸方向鉄筋を帯鉄筋で取り囲んだもの

らせん鉄筋柱:柱の軸方向鉄筋をらせん鉄筋でらせん状に取り囲んだもの

いずれもの場合も,横補強筋に囲まれた内部コンクリートを"コアコンクリート",外側の部分を"かぶりコンクリート"と呼び,機能が異なる.

◆柱部材に作用する断面力

(N = 軸力, M = 曲げモーメント, S = せん断力)

図1のような橋脚を例にとり,3つの作用荷重を考える.

① 中心軸圧縮 P:断面には,軸力(圧縮)のみが作用する.

$$N = P, M = 0, S = 0$$

② 偏心軸圧縮 P:断面には,軸力と曲げモーメントが作用する.

$$N = P, M = P \times e, S = 0 \quad (e:偏心距離)$$

③ 水平荷重 H:水平荷重(地震力)により,せん断力と曲げモーメントが作用する.*

$$N = 0, M = H \times 作用位置, S = H$$

＊せん断力は,第13章にて取り扱う.

第12章 軸力と曲げモーメントを受ける部材

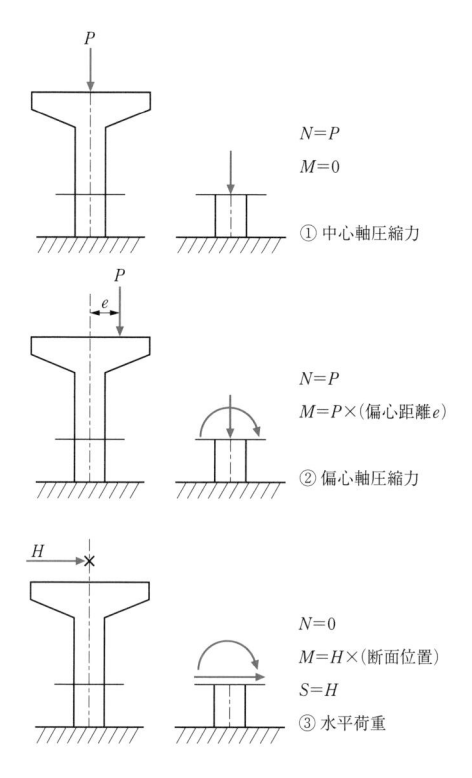

図1 橋脚に作用する3つの作用荷重

① 中心軸圧縮力：$N=P$, $M=0$
② 偏心軸圧縮力：$N=P$, $M=P\times(偏心距離 e)$
③ 水平荷重：$N=0$, $M=H\times(断面位置)$, $S=H$

◆中心軸圧縮を受ける部材の設計耐力式

（コンクリート標準示方書）

下記の2つの柱に共通する記号

k_1 ＝ 圧縮強度の低減係数, $k_1 = 1 - 0.003 f'_{ck} \leqq 0.85$

f'_{cd} ＝ コンクリートの設計圧縮強度

f'_{yd} ＝ 軸方向筋の設計圧縮降伏強度

γ_b ＝ 部材係数（1.3とする）

(1) 帯鉄筋柱：

$$N'_{oud} = (k_1 f'_{cd} A_c + f'_{yd} A_{st})/\gamma_b$$

ここで，A_c：コンクリートの断面積，A_{st}：軸方向鉄筋の全断面積

(2) らせん鉄筋柱：

$$N'_{oud} = (k_1 f'_{cd} A_e + f'_{yd} A_{st} + 2.5 f_{pyd} A_{spe})/\gamma_b$$

ここで，A_e：らせん鉄筋で囲まれたコンクリートの断面積，A_{st}：軸方向鉄筋の全断面積，A_{spe}：らせん鉄筋の換算断面積 $(= \pi d_{sp} A_{sp}/s)$，d_{sp}：

らせん鉄筋で囲まれた断面の直径，A_{sp}：らせん鉄筋の断面積，s：らせん鉄筋のピッチ，f_{pyd}：らせん鉄筋の設計引張降伏強度．

◆偏心軸圧縮を受ける部材

(1) 終局耐力の算定

柱部材には，軸力と曲げモーメントが作用し，その終局耐力の算定には，次の仮定が用いられる．

① ひずみは，断面の中立軸からの距離に比例する．
② コンクリートの引張応力は無視する．
③ 圧縮側のコンクリートの応力－ひずみ曲線として，放物線－直線モデルを用いる．ただし，等価応力ブロックを用いることが推奨されている．
④ 鋼材のコンリートの応力－ひずみ曲線として，2直線（バイリニア）モデルを用いる．

上記の4つの仮定は，コンクリート標準示方書に定められたもので，曲げモーメントのみ（軸力 $= 0$）の場合と同じである．

(2) 破壊包絡線

縦軸＝軸力，横軸＝曲げモーメントとする，相互作用図となる（練習問題 12-1 参照）．包絡線の内側 → 崩壊しない，包絡線上 → 崩壊する．
① 中心軸圧縮 $(e = 0)$，② コア作用点 $(e = e_c)$，③ 釣合破壊点 $(e = e_b)$，
④ 純曲げ $(e = \infty)$，⑤ 中心軸引張
釣合破壊：　断面における引張鉄筋の降伏と圧縮縁コンクリートの圧縮破壊が同時に生じること．

第 12 章　軸力と曲げモーメントを受ける部材

例題 12–1

鉄筋コンクリート柱に関する次の記述のうち，不適切なものの組合せはどれか．

a. 柱部材の帯鉄筋は軸方向鉄筋の座屈を防止する効果がある．
b. 帯鉄筋柱とらせん鉄筋柱では，帯鉄筋柱のほうが一般にじん性は大きくなる．
c. 細長比*が 35 以下の柱を短柱，35 を超える柱を長柱といい，長柱では横方向変位の影響を考慮しなければならない．
d. 柱部材の帯鉄筋は曲げ耐力とせん断耐力を増加させる効果がある．
e. 釣合破壊点とは，曲げモーメントと軸力を受ける部材において，断面圧縮縁のコンクリートひずみがその終局ひずみに達すると同時に，引張側鉄筋が降伏点に到達する状態を表す．

＊柱部材はその細長比（柱の有効長さと回転半径の比）によって，短柱と長柱に分類される．

解答群：
① a., b.　② a., c.　③ b., d.　④ c., e.　⑤ d., e.

解説

柱部材の基本的な特性に関する設問．帯鉄筋柱とらせん鉄筋柱の違いも整理すること．

a. 適　切：帯鉄筋はコアコンクリートを拘束するとともに，軸方向鉄筋の座屈を防止する働きを有する．
b. 不適切：らせん鉄筋は連続的にコアコンクリートを拘束するため，帯鉄筋柱に比べらせん鉄筋柱のほうが一般にじん性は大きい．
c. 適　切：細長比が 35 以下の柱を短柱，それより大きいものを長柱と言う．長柱では横方向変位の影響が無視できなくなるため，これを考慮した設計が必要である．
d. 不適切：帯鉄筋はせん断補強筋としての働きを有し，せん断耐力を増加させる．コアコンクリートを拘束する効果も同時に有するがらせん鉄筋ほどではなく，曲げじん性は向上するが，曲げ耐力はほとんど増加しない．

e. 適　切：釣合破壊点は軸力と曲げモーメントを受ける部材の限界点の一つであり，圧縮破壊領域と引張破壊領域を分ける重要な点である．

正解 ③ b., d.

例題 12–2

鉄筋コンクリート橋脚の設計に関する次の記述のうち，誤っているものはどれか．

a. 橋脚は，上方からの積載荷重を下方または地盤に伝える役目を持ち，主として圧縮荷重を受け，これが偏心軸圧縮荷重として作用することが多い．
b. このような偏心軸圧縮荷重により，橋脚基部には軸圧縮力，曲げモーメント，せん断力が生じる．
c. 単柱式橋脚に地震荷重が作用した場合，基部には曲げモーメントとせん断力が作用し，耐震設計上，曲げ破壊が先行するように配慮する必要がある．
d. 道路橋または鉄道橋の橋脚に対する耐震設計* では，一般に，その路線の方向と直交方向の 2 方向について検討する必要がある．
e. 橋脚に配筋する鉄筋は，設計上，曲げモーメントによって主鉄筋（軸方向筋）が決まり，横補強筋はせん断補強筋として機能する．横補強筋は，圧縮荷重下にあるコンクリートの拘束効果を確保するためにも重要である．

解答群：
① a.　② b.　③ c.　④ d.　⑤ e.

*関連する示方書として，巻末の付録 1 を参照すること．

解説

鉄筋コンクリート橋脚には，上載荷重（交通荷重，桁の重量，橋脚の自重）が偏心軸圧縮荷重として作用し，地震荷重（偶発荷重の 1 つ）は，水平荷重として作用する．

a. 正しい：柱の役割 → 上方からの積載荷重を下方または地盤に伝える．
　　　　　橋脚の場合：偏心軸圧縮荷重として作用することが多い．
b. 誤 り：偏心軸圧縮荷重により，橋脚には軸圧縮力と曲げモーメント
　　　　　が生じる．せん断力は生じない．
c. 正しい：耐震設計では，曲げモーメントとせん断力が作用する場合，じ
　　　　　ん性確保の立場から曲げ破壊の先行が不可欠である（せん断
　　　　　破壊は，生じてはいけない）．
d. 正しい：橋脚に対する耐震設計では，路線方向と直交方向の2方向に
　　　　　ついて検討する．
e. 正しい：主鉄筋（軸方向筋）：曲げモーメントに抵抗．
　　　　　横補強筋：せん断補強筋および圧縮コンクリートの拘束効果
　　　　　の確保．

正解 ▷ ② b．

例題 12-3

設計中心軸圧縮荷重 $N'_{od} = 3\,\mathrm{MN}$ を受ける正方形断面の帯鉄筋柱を短柱として設計せよ．ただし，コンクリートには $f'_{ck} = 24\,\mathrm{N/mm^2}$，鉄筋には SD345 を使用する．なお，構造物係数は $\gamma_i = 1.05$ とする．

また，一端が固定され，他端が自由に変形できる場合，短柱として設計できる柱長の限界長さを求めよ．

解説

設計中心軸圧縮荷重 N'_{od} が与えられたときの断面設計．断面の大きさと鉄筋量により，正解は数多くあるので，鉄筋比を 0.8%～6% の範囲で仮定する．

解答1：短柱として断面設計

コンクリートの設計圧縮強度：$f'_{cd} = f'_{ck}/\gamma_c = 24/1.3 = 18.5\,\mathrm{N/mm^2}$
鉄筋の設計降伏強度：$f'_{yd} = f_{yk}/\gamma_s = 345/1.0 = 345\,\mathrm{N/mm^2}$
帯鉄筋柱の設計中心軸圧縮耐力：$N'_{oud} = (0.85 f'_{cd} A_c + f'_{yd} A_{st})/\gamma_b$
断面の設計照査式：$\gamma_i N'_{od} \leqq N'_{oud}$ より

$$N'_{oud} = (0.85 f'_{cd} A_c + f'_{yd} A_{st})/\gamma_b \geqq \gamma_i N'_{od}$$

$$= 1.05 \times 3000 = 3150\,\text{kN} = 3.15\,\text{MN}$$

コンクリート標準示方書の帯鉄筋柱に関する規定によれば，$A_{st} \geqq 0.008 A_c$ であるから，ここでは，$A_{st} = 0.008 A_c = 0.008 a^2$ とし（正方形断面の一辺を $a(\text{mm})$），部材係数 $\gamma_b = 1.3$ とすると

$$(0.85 \times 18.5 \times a^2 + 345 \times 0.008 a^2)/1.3 \geqq 3150 \times 10^3$$

これより，$a^2 \geqq 221923\,\text{mm}^2$

よって，$a \geqq 471\,\text{mm}$

*単位の桁数に注意せよ．
k = 1×10^3
M = 1×10^6

したがって，一辺を 480 mm として設計することとする．

軸方向鉄筋の全断面積：$A_{st} = 0.008 A_c = 0.008 \times 480^2 = 1843\,\text{mm}^2$

よって
$$A_{st} = 8\text{-}D19 = 2292\,\text{mm}^2$$

とする．

確認のため，設計照査を行う．

設計中心軸圧縮荷重：$N'_{od} = 3\,\text{MN}$

設計中心軸圧縮耐力：

$$\begin{aligned}
N'_{oud} &= (0.85 f'_{cd} A_c + f'_{yd} A_{st})/\gamma_b \\
&= (0.85 \times 18.5 \times 480^2 + 345 \times 2292)/1.3 \\
&= (3.62 + 0.79)/1.3 = 3.39\,\text{MN}
\end{aligned}$$

照査式：$\gamma_i N'_{od}/N'_{oud} = 1.05(3\,\text{MN}/3.39\,\text{MN}) = 0.92 < 1.0$

よって設計荷重に対して安全である．

解答2：短柱として設計できる柱長の限界長さの算定

断面二次モーメント $I = a^4/12$，$A_c = a^2$ より

断面の回転半径 $r = \sqrt{I/A_c} = a/\sqrt{12} = 480/\sqrt{12} = 139\,\text{mm}$

この柱が短柱であるためには，細長比 $\lambda = h/r \leqq 35$（h：柱の有効長さ）．

$$h \leqq \lambda \cdot r = 35 \times 139 = 4865\,\text{mm} = 4.87\,\text{m}$$

よって，短柱として設計できる柱の限界長さ L は柱両端の支持条件（一端固定・他端自由）を考慮して

$$L = h/2 = 4.87/2 = 2.44\,\text{m}$$

【練習問題12−1】

図は，軸力と曲げモーメントを受ける鉄筋コンクリート部材（複鉄筋長方形断面）の破壊包絡線（相互作用図）である．次の記述のうち，誤っているものはどれか（縦軸の軸力は，上側を圧縮，下側を引張としている．e は偏心量を表している）．

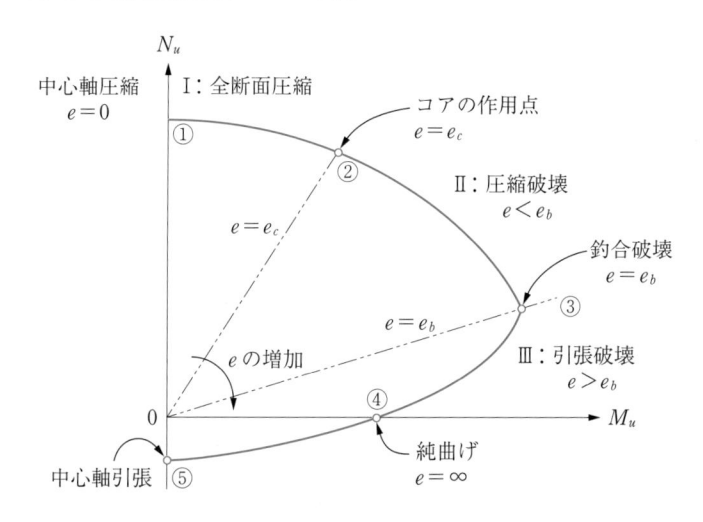

（図：破壊包絡線（相互作用図）
縦軸 N_u，横軸 M_u
中心軸圧縮 $e=0$ ①
Ⅰ：全断面圧縮
コアの作用点 $e=e_c$ ②
Ⅱ：圧縮破壊 $e<e_b$
釣合破壊 $e=e_b$ ③
Ⅲ：引張破壊 $e>e_b$
純曲げ $e=\infty$ ④
中心軸引張 ⑤
e の増加）

a. 図中 e は偏心量を表しているが，これは $e=M/N$ のように軸力と曲げモーメントの比を表す．

b. 図中の①は中心軸圧縮破壊を表し，圧縮鉄筋，引張鉄筋ともに圧縮降伏する．

c. 図中の③は釣合破壊点を表す．釣合破壊点とは，断面圧縮縁のコンクリートひずみがその終局ひずみに達すると同時に，引張側鉄筋が降伏点に到達する状態を表す．

d. 図中の④は，純曲げ（軸力が作用しない場合）による終局耐力を表している．この④の状態から圧縮軸力の増加により，曲げ耐力は減少し，その後釣合破壊点以降増加することわかる．

e. 与えられた軸力と曲げモーメントの座標が，破壊包絡線の内側に位置すれば，破壊しない．

解答群：
① a.　② b.　③ c.　④ d.　⑤ e.

147

ヒント

破壊包絡線とは，断面力 (N, M) が破壊包絡線上に達したとき，その断面が破壊することを意味する．主要点①，②，③，④，⑤では，破壊モード（破壊形式）が異なることに注意する．

【練習問題12-2】

軸力と曲げモーメントを受ける鉄筋コンクリート断面の設計に関する次の記述のうち，正しいものの組合せはどれか．ここで，$N =$ 軸力，$M =$ 曲げモーメント，$e =$ 偏心量*（$= M/N$）とする．

* e: eccentricity（偏心）を表す．

a. 図心軸から e だけ偏心した軸荷重 P が作用した場合，断面力は，軸力 $N = P$，曲げモーメント $M = e \times P$ が作用すると考え，設計する．P が圧縮の場合，$e = 0$ のとき，中心軸圧縮となり，$e <$ コア（核）のとき断面には引張応力は発生しない．

b. 軸力と曲げモーメントを受ける場合の許容応力度の算定に際しては，曲げモーメントのみを受ける場合と同じように，弾性解析（RC断面）の仮定が用いられる．この仮定により，圧縮コンクリートを線形弾性（したがって，応力分布は三角形），引張コンクリートを無視，鉄筋を線形弾性とし，平面保持の仮定を併用して設計するものである．

c. 軸力と曲げモーメントを受ける場合の終局耐力の算定に際しては，曲げモーメントのみを受ける場合と同じように，等価応力ブロック法が用いられる．等価応力ブロック法は，圧縮コンクリートを等価な長方形応力ブロック，引張コンクリートを無視，鉄筋を弾性または降伏状態と仮定するものである．断面の終局状態には，平面保持の仮定は成立しないことに注意する必要がある．

d. 釣合破壊とは，圧縮コンクリートの圧縮破壊および圧縮鉄筋と引張鉄筋の降伏が同時に起きる破壊のことで，相互作用図の中で最大の曲げモーメントとなる．釣合破壊のときの偏心量は，鉄筋比，材料強度（圧縮強度，降伏強度）に影響されるが，材料の弾性係数には関係しない．*

*ここでの材料とは，コンクリートと鉄筋を示す．

e. 釣合破壊のときの偏心量を e_b とすると，$e < e_b$ のときは圧縮破壊型（コンクリートの圧壊が鉄筋降伏に先行する），$e > e_b$ のときは鉄筋降伏先行型の破壊となる．圧縮破壊型は設計上避けなければな

らない.

解答群：
① a., b. ② c., e. ③ c., d. ④ a., d. ⑤ b., e.

> **ヒント**
>
> 断面の解析法は，曲げのみの場合と基本的には同じであるが，軸圧縮力の存在により，中立軸は下がることになる．

【練習問題12−3】

帯鉄筋柱の設計断面耐力（中心軸圧縮耐力）N'_{oud} は，次式で与えられる．

$$N'_{oud} = (0.85 f'_{cd} A_c + f'_{yd} A_{st})/\gamma_b$$

f'_{cd}, A_c：コンクリートの設計圧縮強度と断面積

f'_{yd}, A_{st}：軸方向鉄筋の設計降伏強度と全断面積

γ：部材係数

ここで，$500\,\text{mm} \times 500\,\text{mm}$ の正方形断面に対する設計断面耐力 N'_{oud} の概算値として，最も適当なものは次のうちどれか．

ただし，軸方向鉄筋の鉄筋比を $p_{st} = 1.5\%$，部材係数を $\gamma_b = 1.3$ とし，材料条件は適当に仮定せよ．

解答群：
① $N'_{oud} = 500\text{kN}$ ② $N'_{oud} = 1\text{MN}$ ③ $N'_{oud} = 5\text{MN}$ ④ $N'_{oud} = 50\text{MN}$ ⑤ $N'_{oud} = 500\text{MN}$

1000 N = 1 kN
1000 kN = 1 MN

> **ヒント**
>
> 概略値を問う問題である．材料強度（コンクリートと鉄筋）を適当に仮定して，試算せよ．

【練習問題12−4】

断面が同じ帯（鉄）筋量の異なる (a)〜(d) の4種類の鉄筋コンクリー

ト柱の上部に，同じ大きさの水平力 P が図に示すように作用している．このときの断面力（部材応力）または破壊形式に関する次の記述のうち，適当なものはどれか．

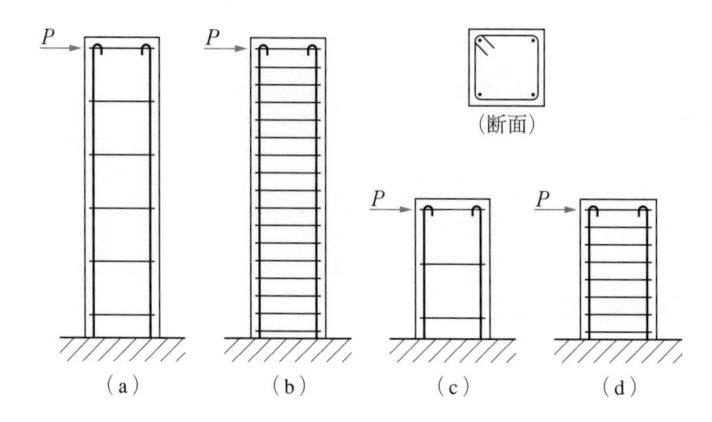

① 柱 (a) に生じる最大曲げモーメントは，柱 (b) より大きい．
② 柱 (b) に生じるせん断力は，柱 (d) より大きい．
③ せん断破壊する可能性が最も高いのは，柱 (c) である．
④ 曲げ破壊する可能性が最も高いのは，柱 (d) である．

(H.10 コンクリート技士試験問題より抜粋)

ヒント

水平力が作用する場合の曲げモーメントとせん断力の関係，帯鉄筋の役割を理解していれば容易な問題．同じ曲げモーメントが作用する部材でも，曲げ耐力に達する前にせん断破壊する可能性があることに注意．

【練習問題12-5】

鉄筋コンクリート橋脚の耐震設計法に関する次の記述のうち，誤っているものはどれか．

a. 単柱形式の橋脚は片持ちはり形式，門型橋脚の場合はラーメン形式となる．いずれの場合も，地震時には頂部に慣性力として交番水平力が作用し，このため橋脚基部には曲げモーメントとせん断力が繰り返し作用する．
b. 強震時における橋脚の破壊形式は，曲げ破壊とせん断破壊に大別される．また，中間的な曲げ降伏後のせん断破壊となることも少なく

ない．設計上，じん性確保のため，せん断破壊を回避するように配慮することが重要である．

c. せん断破壊の回避には，横補強筋（帯鉄筋またはらせん鉄筋）の適切な配筋が重要となる．この横補強筋は，コアコンクリートを拘束保持する役目もある．このため，その継手やフックに対する細部にわたる配慮が不可欠で，耐震構造細目として示方書に明記されている．

d. 土木学会コンクリート標準示方書（耐震性能照査編）では，3つの耐震性能，2つのレベルの地震動が規定されている．また，道路橋示方書（Ｖ：耐震設計編）では，レベル2地震動に対してタイプⅠとタイプⅡの設計水平地震動が設定され，設計スペクトル（震度表示）として与えられている．

解答群：
① a. ② b. ③ c. ④ d. ⑤ すべて正しい

ヒント

橋脚の耐震設計法に関する問題のため，断面力として軸力＋曲げモーメントに，地震荷重によるせん断力が加わる．また，曲げ破壊とせん断破壊の違いも理解されたい．*

*曲げ耐力は第11章，せん断耐力は第13章にて学習するが，本問では橋脚の設問として解答せよ．

第13章 せん断力を受ける部材

Key Points

- はり・柱部材のせん断ひび割れ
- はり・柱部材のせん断破壊と耐荷機構
- はり・柱部材のせん断耐力の算定と安全性の照査
- 面部材の押抜きせん断

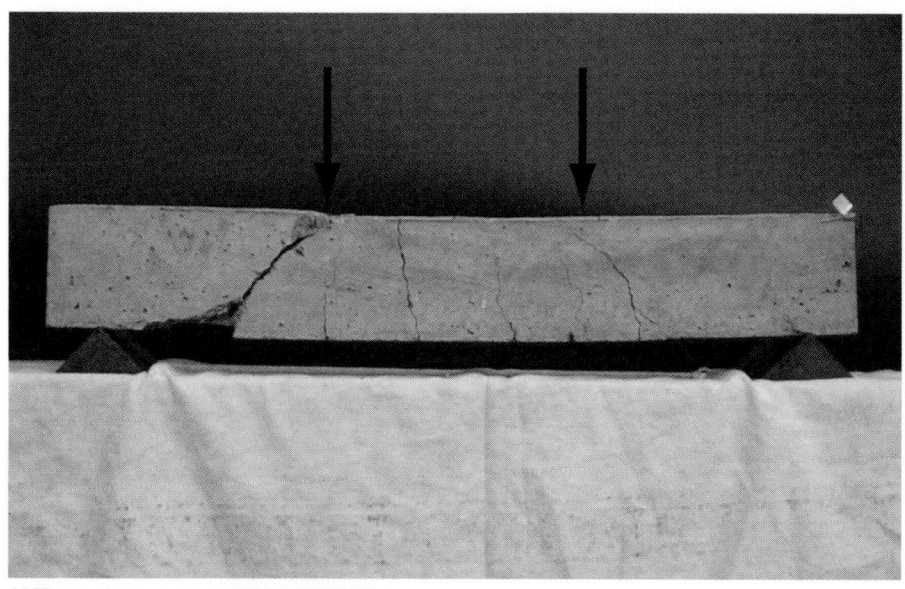

鉄筋コンクリートはり部材の載荷試験
中央部に曲げひび割れを生じているが,最終的にせん断破壊(左せん断スパンにて)している。

学習の要点

◆ はり・柱部材のせん断ひび割れ

ウェブせん断ひび割れ：曲げひび割れの生じていない領域に，ウェブ中央位置付近から斜め上下方向に向かって発生する．斜め引張応力に起因する．
曲げせん断ひび割れ：曲げひび割れとして発達したものが，せん断と曲げの影響でウェブで傾斜する．

◆ はり・柱部材のせん断破壊と耐荷機構

（1）代表的なせん断破壊形式 *

斜め引張破壊：ウェブせん断ひび割れの発達により破壊する．せん断補強鋼材が配置されていない場合，ウェブせん断ひび割れの発生とほぼ同時に急激に破壊する．
せん断圧縮破壊：曲げせん断ひび割れの進展によりコンクリートの圧縮域が次第に減少し，最終的に曲げ圧縮域のコンクリートが圧壊する．
ウェブ圧縮破壊：斜めひび割れ間のコンクリートが斜め圧縮応力により圧縮破壊する．ウェブ幅の薄いPC部材でプレストレスが過大な場合に生じやすい．

＊ここに示したもの以外にせん断付着破壊（鋼材の付着破壊やダウエル作用によるコンクリートの割裂）がある．

斜め引張破壊 (2.5 < a/d < 6)

せん断圧縮破壊 (1 < a/d < 2.5)

ウェブ圧縮破壊

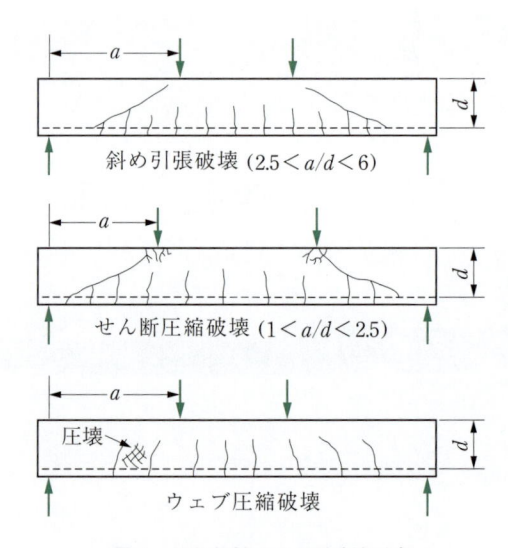

図1　はり部材のせん断破壊形式

第 13 章 せん断力を受ける部材

(2) せん断補強鋼材を有する RC 部材のせん断耐荷機構
・せん断耐荷機構
$$V = V_c + V_s \tag{1}$$

ここに，V_c：トラス作用以外で受け持つせん断力（コンクリートが負担するせん断力），V_s：トラス作用で受け持つせん断力（せん断補強鋼材が負担するせん断力）．

・トラス作用によるせん断抵抗メカニズム *
せん断補強鋼材降伏時のせん断抵抗 V_s

$$V_s = A_w f_{wy} \sin\alpha \left(\cot\alpha + \cot\theta\right) \frac{z}{s} \tag{2}$$

＊式の意味を練習問題 13-6 で理解すること．

ここに，A_w：区間 s におけるせん断補強鋼材の総断面積，f_{wy}：せん断補強鋼材の降伏強度，α：せん断補強鋼材が部材軸となす角度，θ：せん断ひび割れの角度

$\theta = 45°$（45°トラスモデル）とすれば

$$V_s = A_w f_{wy} \left(\sin\alpha + \cos\alpha\right) \frac{z}{s} \tag{3}$$

腹部コンクリートの圧縮破壊耐力 V_{wc}

$$V_{wc} = \sigma'_c b_w d' \left(\cot\alpha + \cot\theta\right) \sin^2\theta \tag{4}$$

ここに，σ'_c：圧縮斜材破壊時の作用圧縮応力，b_w：ウェブ幅，d'：ウェブ高さ

$\theta = 45°$ とすれば

$$V_{wc} = \sigma'_c b_w d' \left(1 + \cot\alpha\right)/2 \tag{5}$$

◆はり・柱部材のせん断耐力の算定と安全性の照査
(1) RC 部材の設計せん断耐力の算定（コンクリート標準示方書）
・設計せん断耐力 V_{yd}

$$V_{yd} = V_{cd} + V_{sd} \tag{6}$$

ここに，V_{cd}：せん断補強鋼材を用いない棒部材の設計せん断耐力
V_{sd}：せん断補強鋼材により受け持たれる設計せん断耐力

・せん断補強鋼材を用いない部材の設計せん断耐力 V_{cd}

$$V_{cd} = \beta_d \beta_p \beta_n f_{vcd} b_w d / \gamma_b \tag{7}$$

β_d：有効高さ d の影響係数
β_p：主鉄筋比の影響係数
β_n：軸力 N'_d の影響係数

$$f_{vcd} = 0.20\sqrt[3]{f'_{cd}}\,(\mathrm{N/mm^2})\quad \text{ただし, } f_{vcd} \leqq 0.72\,(\mathrm{N/mm^2})$$

$$\beta_d = \sqrt[4]{1/d}\,(d:m)\quad \text{ただし, } \beta_d \leqq 1.5$$

$$\beta_p = \sqrt[3]{100 p_w}\,(p_w = A_s/(b_w d))\quad \text{ただし, } \beta_p \leqq 1.5$$

$$\beta_n = 1 + 2M_0/M_{ud}\,(N'_d \geqq 0\,\text{の場合})\quad \text{ただし, } \beta_n \leqq 2.0$$

$$ = 1 + 4M_0/M_{ud}\,(N'_d < 0\,\text{の場合})\quad \text{ただし, } \beta_n \geqq 0$$

ここに，N'_d：設計軸圧縮力，M_{ud}：軸方向力を考慮しない純曲げ耐力，M_0：設計曲げモーメント M_d に対する引張縁において，軸方向力によって発生する応力を打ち消すのに必要な曲げモーメント，b_w：腹部の幅，d：有効高さ，A_s：引張側鋼材の断面積，f'_{cd}：コンクリートの設計圧縮強度，γ_b：部材係数で，一般に 1.3．

・せん断補強鋼材により受け持たれる設計せん断耐力 V_{sd}

$$V_{sd} = \left[\frac{A_w f_{wyd}(\sin\alpha_s + \cos\alpha_s)}{s_s}\right] z/\gamma_b \tag{8}$$

ここに，A_w：区間 s_s におけるせん断補強鋼材の総断面積，f_{wyd}：せん断補強鋼材の設計降伏強度で $400\,\mathrm{N/mm^2}$ 以下（コンクリート圧縮強度の特性値 f'_{ck} が $60\,\mathrm{N/mm^2}$ 以上のときは，$800\,\mathrm{N/mm^2}$ 以下としてよい），α_s：せん断補強鋼材が部材軸となす角度，s_s：せん断補強鋼材の配置間隔，z：圧縮応力の合力の作用位置から引張鋼材の図心までの距離で，一般に $d/1.15$ としてよい，γ_b：部材係数で一般に 1.10 としてよい．

(2) 腹部コンクリートの設計斜め圧縮破壊耐力 V_{wcd}

$$V_{wcd} = f_{wcd} b_w d/\gamma_b \tag{9}$$

ここに，$f_{wcd} = 1.25\sqrt{f'_{cd}}$（ただし，$f_{wcd} \leqq 7.8\,\mathrm{N/mm^2}$），$\gamma_b$：部材係数で，一般に 1.3 としてよい．

(3) 安全性の照査

$$\gamma_i V_d/V_{yd} \leqq 1.0\ \text{かつ}\ \gamma_i V_d/V_{wcd} \leqq 1.0 \tag{10}$$

ここに，V_d：設計せん断力

◆面部材の押抜きせん断

(1) 押抜きせん断破壊

柱とスラブあるいはフーチングの接合部のように，面部材に局部的な荷重が作用する場合，荷重域直下がその周辺部より落ち込むようにしてコーン状に押し抜けるせん断破壊のことをいう．

(2) 面部材の設計押抜きせん断耐力（コンクリート標準示方書）

$$V_{pcd} = \beta_d \beta_p \beta_r f'_{pcd} u_p d / \gamma_b \tag{11}$$

$$f'_{pcd} = 0.20\sqrt{f'_{cd}}\ (\text{N/mm}^2)\ \text{ただし},\ f'_{pcd} \leq 1.2\ (\text{N/mm}^2) \tag{12}$$

$$\beta_d = \sqrt[4]{1/d}\ (d:\text{m})\ \text{ただし},\ \beta_d \leq 1.5$$

$$\beta_p = \sqrt[3]{100p}\ \text{ただし},\ \beta_p \leq 1.5$$

$$\beta_r = 1 + 1/(1 + 0.25u/d)$$

＊ β_r：載荷面の形状・大きさの影響係数

ここに，d：有効高さ（2方向の平均値），p：鉄筋比（2方向の平均値）u：載荷面の周長，u_p：設計断面＊の周長で，載荷面から$d/2$離れた位置で算定，γ_b：部材係数で一般に 1.3.

＊仮想の破壊面のことであり，押抜きせん断に対する設計はこの断面に対して行う．

例題 13–1

せん断力を受ける鉄筋コンクリートに関する次の記述のうち，正しい正誤の組合せを解答群から選択せよ．

a. 通例，はり部材はその断面に曲げモーメントとせん断力が作用するが，せん断スパン a の大きさによって，この2つの断面力の比率が異なる．せん断スパン a が小さいほど，せん断力の比率が大きくなり，せん断破壊の可能性が大きくなる．

b. せん断力を受ける鉄筋コンクリートはりの耐荷力（せん断耐力）は，トラス理論によって明快に算定することができる．トラス理論を用いる場合，軸方向鉄筋（圧縮鉄筋と引張鉄筋）が上下弦材，斜めひび割れの生じている腹部コンクリートが斜め圧縮材，スターラップ（せん断補強鋼材）が引張材として置き換えられる．このうち，スターラップの引張降伏もしくはコンクリート斜め圧縮材の圧縮破壊により，終局状態となると考える．

c. コンクリート標準示方書のせん断設計では，せん断耐力 V_{yd} を「$V_{yd} =$ コンクリートの寄与分 V_{cd} ＋ せん断補強鋼材による成分 V_{sd}」のような合算式によって計算する．前者の V_{cd} はトラス理論によって算定され，後者の V_{sd} は，せん断補強鋼材の寄与分に主鉄筋の効果が若干加算される．

d. 上記のコンクリートの寄与分 V_{cd} は，$V_{cd} = \beta_d \beta_p \beta_n f_{vcd} b_w d / \gamma_b$ で表される．このうち，f_{vcd} はコンクリートのせん断強度を表し，普通コンクリートの場合，圧縮強度の 1/3 程度である．γ_b は，部材係数で，せん断の場合，1.3 程度である．また，3 係数 $\beta_d, \beta_p, \beta_n$ のうち，係数 β_d は部材有効高さの影響，β_p はせん断補強鋼材の影響を表す．

解答群：
① a.○, b.○, c.×, d.×
② a.×, b.○, c.×, d.○
③ a.○, b.×, c.○, d.×
④ a.×, b.×, c.○, d.○
⑤ a.○, b.×, c.×, d.×

> **解説**

a. 正しい：せん断スパン a を有効高さ d で割ると，せん断スパン比 a/d となり，
- せん断スパン比 a/d の小さいはり部材：はり背の高いはり (deep beam)
- せん断スパン比 a/d 大きいはり部材：細長いはり (slender beam)

のように分類できる．

b. 誤り：トラス理論では圧縮部コンクリートを上弦材に置き換えている．

c. 誤り：前者の V_{cd} はコンクリート強度の実験式によって算定され，後者の V_{sd} は，せん断補強鋼材の寄与分であり，トラス理論で算定される（主鉄筋の効果は V_{cd} で考慮される）．

d. 誤り：2個所の誤りは，次のように訂正される．
- f_{vcd} はコンクリートのせん断強度を表す．$f_{vcd} = 0.20\sqrt[3]{f'_{cd}}$ で表され，設計圧縮強度 f'_{cd} の2%程度（約1/50）とかなり小さい．
- 係数 β_p はせん断補強鋼材の影響を表すのではなく，主鉄筋の影響を表す．β_p は鉄筋比 $p=2\%$ の場合 $\beta_p = 1.25$ となり，高々1.5である．

> **正解** ⑤ a.○, b.×, c.×, d.×

例題 13–2

せん断ひび割れとせん断破壊形式に関する次の記述のうち，誤っているものの組合せはどれか．

a. ウェブ*せん断ひび割れは，曲げひび割れの生じていない領域において，ウェブ中央位置付近から斜め上下方向に向かって発生するひび割れであり，せん断力に比べて曲げモーメントが大きい場合に生じやすい．

b. 斜め引張破壊はウェブせん断ひび割れの発達による破壊で，せん断補強鋼材が配置されていない場合，ウェブせん断ひび割れの発

*ウェブ = web（腹部）を意味する．

生とほぼ同時に急激で脆性的な破壊性状を示す．
c. 曲げせん断ひび割れは，曲げひび割れとして発達したものがウェブ中央位置付近で傾斜するひび割れであり，作用せん断力と曲げモーメントがともに大きい場合に生じやすい．
d. せん断圧縮破壊（曲げせん断破壊）は，曲げせん断ひび割れの発達によってコンクリートの圧縮域が次第に減少し，最終的に曲げ圧縮域のコンクリートの圧壊によって破壊が生じる．せん断補強鋼材を配置しない場合には，せん断スパン有効高さ比 (a/d)* が3以上になると一般にこの破壊形式となる．
e. ウェブ圧縮破壊は，斜めひび割れ間のコンクリートが斜め圧縮応力により圧縮破壊するものであり，プレストレストコンクリート部材でウェブ幅が非常に薄く，また，プレストレスが過大な場合に生じやすい．

*略して,「せん断スパン比」と呼ぶこともある.

解答群：
① a., c. ② a., d. ③ b., c. ④ b., e. ⑤ d., e.

解説

a. 誤り：ウェブせん断ひび割れは，作用せん断力に比べて曲げモーメントが小さい場合に生じやすい．
b. 正しい
c. 正しい
d. 誤り：せん断補強鋼材を配置しない場合，a/d が2.5程度以上6程度以下の場合は斜め引張破壊となることが多く，2.5程度以下の場合は一般にせん断圧縮破壊となる．
e. 正しい

正解 ▷ ② a., d.

例題 13-3

$b = 1000$ mm, $b_w = 250$ mm, $t = 200$ mm, $d = 450$ mm, $A_s = $ 5-D25 の単鉄筋T型断面について，以下の問いに答えよ．

① $f'_{ck} = 24\,\text{N/mm}^2$,軸方向力 $N' = 0$ のとき,コンクリートが負担する設計せん断耐力 V_{cd} を求めよ.
② 設計せん断力が $V_d = 150\,\text{kN}$ のとき,D13(SD295A)の鉛直U型スターラップを 200 mm 間隔で配置した場合のせん断破壊に対する安全性を検討せよ.ただし,構造物係数は $\gamma_i = 1.1$ とする.

解説

コンクリート標準示方書構造性能照査編においては,RC 棒部材の設計せん断耐力を『学習の要点』にて示した式 (6) によって求めることにしている.

式 (6) 中の V_{cd} はコンクリートが負担する設計せん断耐力であり,式 (7) で表される.また,V_{sd} はせん断補強鋼材によって受け持たれる設計せん断耐力であり,RC 部材では式 (8) で与えられる.したがって,これらより設計せん断耐力 V_{yd} を求めるとともに,式 (9) により腹部コンクリートの設計斜め圧縮破壊耐力 V_{wcd} を求め,式 (10) により安全性の照査を行えばよい.

① コンクリートが負担する設計せん断力 V_{cd} の算定

与えられた条件より,$As = 5\text{-}D25 = 2533\,\text{mm}^2$,$f'_{cd} = f'_{ck}/\gamma_c = 24/1.3 = 18.5\,\text{N/mm}^2$

$$p_w = A_s/(b_w d) = 2533/(250 \times 450) = 0.0225$$
$$\beta_d = \sqrt[4]{1/d} = \sqrt[4]{1/0.45} = 1.22\,(<1.5)$$
$$\beta_p = \sqrt[3]{100 p_w} = \sqrt[3]{100 \times 0.0225} = 1.31\,(<1.5)$$
$$\beta_n = 1 + (2M_0/M_{ud}) = 1 + 0 = 1.0\,(<2.0)\;(\because N'_d = 0 \text{ より } M_0 = 0)$$
$$f_{vcd} = 0.2\sqrt[3]{f'_{cd}} = 0.2 \times \sqrt[3]{18.5} = 0.53\,\text{N/mm}^2$$

式 (7) より

$$V_{cd} = 1.22 \times 1.31 \times 1.0 \times 0.53 \times 250 \times 450/1.3 = 73302\,\text{N} = 73.3\,\text{kN}$$

② せん断破壊に対する安全性の検討

$A_w = 2\text{-}D13 = 126.7 \times 2 = 253\,\text{mm}^2\,(\because \text{U 型スターラップ})$
SD295A より

$$f_{wyd} = f_{wyk}/\gamma_s = 295/1.0 = 295\,\text{N/mm}^2$$

$z = d/1.15 = 450/1.15 = 391\,\text{mm}, s_s = 200\,\text{mm},$
$\alpha = 90°$ より $\sin\alpha = 1.0, \cos\alpha = 0$

したがってスターラップが負担する設計せん断耐力は，式 (8) より

$V_{sd} = [253 \times 295 \times (1.0 + 0) \times 391/200]/1.1 = 132647\,\text{N} = 132.6\,\text{kN}$

これらより設計せん断耐力は，式 (6) より

$V_{yd} = V_{cd} + V_{sd} = 73.3 + 132.6 = 205.9\text{kN} \cdots$ ①

一方，設計斜め圧縮破壊耐力は式 (9) で与えられる．

この場合

$$f_{wcd} = 1.25\sqrt{f'_{cd}} = 1.25 \times \sqrt{18.5} = 5.38\text{N/mm}^2$$

よって

$V_{wcd} = f_{wcd} b_w d/\gamma_b = 5.38 \times 250 \times 450/1.3 = 465577\,\text{N} = 465.6\,\text{kN} \cdots$ ②

式 (10) より

$\gamma_i V_d/V_{yd} = 1.1 \times 150/205.9 = 0.80 < 1.0$

$\gamma_i V_d/V_{wcd} = 1.1 \times 150/465.6 = 0.35 < 1.0$

したがって，せん断破壊に対して安全である．

正解 ▷ ① : 73.3kN ② : 安全である．

【練習問題13−1】

曲げモーメントとせん断力を受ける鉄筋コンクリートに関する次の記述のうち，正しいものの組合せはどれか．

a. 曲げモーメントを受ける鉄筋コンクリート（単鉄筋長方形断面）の中立軸比*k は，$k = -np + \sqrt{(np)^2 + 2np}$ で表される．一般に，n は弾性係数比で1より大きく，p は鉄筋比で1より小さく，算出される中立軸比 k は0.5より小さい正の値となる．この算定式は，曲げ部材の使用時における応力算定に用いられる．
b. はり部材に配置される鉄筋は，主鉄筋（軸方向鉄筋）と腹鉄筋（スターラップ，折曲げ鉄筋）に分類され，前者は曲げモーメント，後者はせん断力に抵抗するものである．両鉄筋とも予想されるひび割れの直交方向に配置し，ひび割れの発生を回避するために用いられる．
c. 集中荷重を受けるはり部材には，曲げモーメントとせん断力が作用するが，設計上，せん断スパンが短いほどせん断破壊しやすくなる．ただし，せん断スパンとは，載荷点と支点を結ぶ距離を意味する．
d. せん断破壊は，はり腹部に斜めひび割れが発生し，脆性的な破壊形式を呈する．通例，スターラップ，帯鉄筋などのせん断補強鋼材および圧縮側主鉄筋の両者によって抵抗すると考えることができる．
e. 現行のコンクリート標準示方書のせん断耐力算定式は，腹鉄筋による効果（トラス理論によって算定される）にコンクリートの寄与分を加算するものである．

* $k = x/d$
x：中立軸位置，d：有効高さ（11章の『学習の要点』にて再確認せよ）

解答群：
① a., b., e.　② b., e.　③ c., d.　④ a., c., e.　⑤ b., c., d.

ヒント

せん断耐荷機構や主鉄筋・腹鉄筋（せん断補強鋼材）の役割を理解しておこう．

【練習問題13-2】

せん断力を受ける鉄筋コンクリートに関する次の記述のうち，誤っているものはどれか．

a. 現行のコンクリート標準示方書では，終局限界の照査については，トラス理論によってせん断耐力を算定している．許容応力設計法の場合も，トラス理論によって作用応力を算定している．

b. せん断力を受ける部材（はりまたは柱）は，腹部中央において45度方向の主応力が生じ，ひび割れ発生後，圧縮主応力を腹鉄筋（スターラップ，または折り曲げ鉄筋）が代替する．

c. コンクリート構造物のせん断問題としては，はり/柱部材のせん断耐力，スラブ(平面部材)の押抜きせん断，壁部材（耐震壁）の面内せん断などがある．また，ねじりモーメントを受ける部材の設計も，はりのせん断解析に類似している．

d. これまでの大地震で，柱部材（橋脚など）が基部にせん断破壊を生じ，大きな損傷を受けたことがあったが，耐震設計に際しては，曲げ破壊が先行するように配慮されなければならない．

解答群：
① a.　② b.　③ c.　④ d.　⑤ すべて正しい

ヒント

はり，柱，スラブなど各種部材のせん断耐荷機構を理解しておこう．

【練習問題13-3】

せん断力を受ける鉄筋コンクリートに関する次の記述のうち，誤っているものはどれか．

a. はり部材に生じるせん断ひび割れは，ウェブせん断ひび割れ，および曲げせん断ひび割れに分けられ，後者は曲げひび割れが発生し，その延長上にせん断ひび割れが発達するものである．

b. はり部材のせん断破壊*は，斜め引張破壊，せん断圧縮破壊，ウェブ圧縮破壊に分けることができる．これらの破壊形式は，せん断ス

* 「学習の要点」の図1 せん断破壊形式にて，確認しよう．

パン，ウェブ（腹部）幅，せん断補強鋼材量，コンクリート強度に関係する．
c. 現行のコンクリート標準示方書では，終局限界に関する設計せん断耐力式として，棒部材（はり，柱部材）に対する設計せん断耐力，面部材（スラブ）の設計押抜きせん断耐力，面内力を受ける面部材の設計耐力が具体的に明示されている．
d. 上記の3つの設計耐力式は，棒部材（はり，柱部材）の場合，修正トラス理論にて記述され，面部材（スラブ）の場合，および面内力を受ける面部材の場合では，コンクリート寄与分のみによるものである．

解答群：
① a.　② b.　③ c.　④ d.　⑤ すべて正しい．

ヒント

各記述に関して，コンクリート標準示方書にて確認してもらいたい．

【練習問題13-4】

スターラップを有する長方形断面のせん断耐力算定式について，正しいものすべてを組み合わせているものを答えよ．

ただし，せん断耐力に関して，せん断補強鋼材による寄与分を V_s，コンクリートによる寄与分を V_c とし，さらに，$A_w =$ せん断補強鋼材の断面積，$f_{wy} =$ せん断補強鋼材の降伏強度，$f'_c =$ コンクリートの圧縮強度，$z =$ せん断有効高さ（$z = jd$），$s =$ せん断補強鋼材の配置間隔，$d =$ 部材の有効高さとする．

a. 一般に，せん断耐力 V_y は，$V_y = V_s + V_c$ にて算定することができ，これを修正トラス理論と呼ぶことがある．
b. V_s の算定に際して，せん断補強鋼材（腹鉄筋）として折り曲げ鉄筋とスターラップが併用される場合，せん断補強鋼材の断面積 A_w として，多いほうの鉄筋が用いられる．
c. 圧縮斜材角を45°としたトラス理論を用いる場合，V_s は，$V_s = \dfrac{A_w f_{wy} s}{z}$ で算定される．
d. V_c は，コンクリート圧縮強度から得られるせん断強度で算定され

るが，引張鉄筋（軸方向筋）の鉄筋量が多いほど，見掛け上 V_c は増加する．
e. V_s と V_c の単位は N（通例，kN，MN など），材料強度 f_{wy} と f'_c の単位は N/mm² である．

解答群：
① a., c., e. ② c., d., e. ③ b., c., d. ④ a., d., e. ⑤ b., d., e.

ヒント
標準示方書のせん断耐力算定式（式 (6)〜(8)）を見てみよう．

【練習問題13–5】

鉄筋コンクリート部材のせん断耐力に関する次の記述のうち，**不適切**なものの組合せはどれか．

a. コンクリートが受け持つせん断力は，コンクリートの圧縮強度に比例して増加する．
b. 軸方向圧縮力は，コンクリートが受け持つせん断力を増加させる効果がある．
c. はり部材の破壊形式（曲げ破壊，せん断破壊）は，コンクリート強度，主鉄筋量，せん断補強鋼材量のほか，せん断スパン比にも影響される．
d. 柱部材に同量*の帯鉄筋を配置する場合，径の細いものを間隔を小さくして配置したほうがせん断耐力，じん性ともに向上する．
e. 主鉄筋（軸方向筋）の量を増加しても，せん断耐力は増加しない．

*同量とは帯鉄筋比 $\left(= \dfrac{A_w}{b \cdot s}\right)$ が同じという意味である．

解答群：
① a., b., c. ② a., d., e. ③ b., c., d ④ b., d., e. ⑤ c., d., e.

ヒント
せん断耐力算定式の各変数の意味を理解しておこう．

【練習問題13-6】

以下の文はせん断補強鋼材が受け持つせん断耐力をトラスモデルによって計算する方法を示したものである．【①】～【⑧】に適切な記号，式，数値を入れよ．

図に示すような部材軸に対して角度 θ で斜めひび割れが発生しているはり部材について，部材軸と角度 α，間隔 s で一組の断面積 A_w，降伏強度 f_{wy} のせん断補強鋼材を配置した場合を考える．いま，一つのひび割れ面 A–A に着目する．

図(b)中の l を z, α, θ を用いて表せば，$l=$【①】であるから，このひび割れ面を横切るせん断補強鋼材の組数 n は $n=$【②】となる．せん断補強鋼材が降伏したときのせん断抵抗 V_s は，一組当たりのせん断補強鋼材が負担する引張力の鉛直成分【③】に組数を乗じればよいので，$V_s=$【④】となる．なお，通常は斜めひび割れの発生角度 $\theta=$【⑤】と仮定するので，この場合は $V_s=$【⑥】となる．また，鉛直スターラップのみを用いる場合は $\alpha=$【⑦】であるから，$V_s=$【⑧】となる．

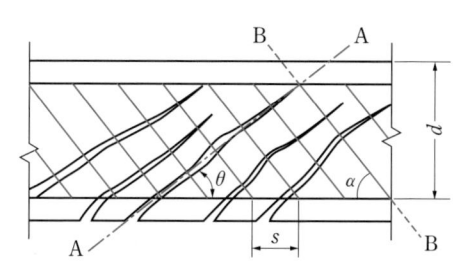

(a) RC はりの配筋とせん断ひび割れ

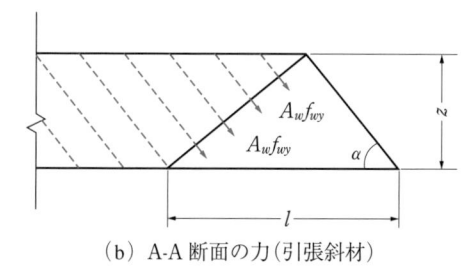

(b) A-A 断面の力（引張斜材）

ヒント

トラス作用による抵抗メカニズムと各記号の意味を理解し，「学習の要点」を再度確認しよう．

【練習問題13-7】

次の式は，トラス理論によるせん断耐力 V_s を表す．

$$V_s = \frac{A_w f_{wy} z}{s}(\sin\alpha + \cos\alpha)$$

ただし，A_w, f_{wy}, α：せん断補強鋼材の断面積，降伏強度，配置間隔，角度，z：せん断高さ．

以下の記述のうち，誤っているものを解答群の中から選択せよ．

a. せん断耐力 V_s は，せん断補強鋼材の断面積と降伏強度に比例し，配置間隔に反比例する．主鉄筋（軸方向筋）の量には関係せず，降伏していてもよい．
b. このせん断耐力式は，コンクリート斜め圧縮材について 45°を仮定している（45°トラスモデル）．
c. 上式を用いる際，せん断補強鋼材の角度 α について，たとえば鉛直スターラップ，または柱部の帯鉄筋では $\alpha = 90°$ とする．
d. せん断補強筋として，はり部材ではスターラップ，折り曲げ鉄筋が用いられ，柱部材では帯鉄筋などが用いられる．
e. 土木学会コンクリート標準示方書に定められたせん断耐力算定では，トラス理論によるせん断耐力 V_s にコンクリートの寄与分 V_c を加えて合算する．

解答群：
① a. ② b. ③ c. ④ d. ⑤ e.

> **ヒント**
>
> せん断補強筋の役割とトラス作用による抵抗メカニズムを思い出そう．

【練習問題13-8】

図に示す釣合鉄筋比以下の，鉄筋コンクリートはりの耐力に関する次の記述のうち，最も不適当なものはどれか．ただし，断面A～Dにおけるコンクリートの断面積，鉄筋の断面積および有効高さ (d) は，それぞれ同一とし，腹部（ウェブ）幅は，$b_a > b_b > b_c > b_d$ とする．なお，圧

縮突縁 (フランジ) の幅 (b) および厚さ (t) は同じとする.

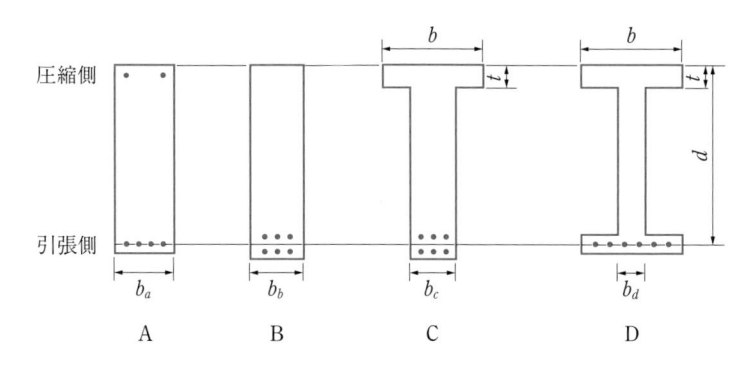

a. せん断耐力は, 断面 B のほうが断面 C よりも大きい.
b. せん断耐力は, 断面 D が最小である.
c. 断面 A の曲げ耐力は, 断面 B よりも大きい.
d. 断面 C の曲げ耐力は, 断面 D とほぼ同じである.

(H.2 コンクリート技士試験問題より抜粋)

ヒント

せん断耐力, 曲げ耐力の算定式を確認し, これらに影響を及ぼす要因を考えればよい.

【練習問題13-9】

5 m×5 m, 厚さ $t = 200\,\mathrm{mm}$ の RC スラブ* の中央位置に $a_0 \times b_0 = 300 \times 300\,\mathrm{mm}$ の載荷面で設計集中荷重 $P = 380\,\mathrm{kN}$ が作用するとき, 押抜きせん断に対する安全性を検討せよ.

ただし, 以下の条件を用いること.

a. コンクリート圧縮強度の特性値 $f'_{ck} = 30\,\mathrm{N/mm^2}$
b. X 方向筋：鉄筋比 $p_x = 0.0153$, 有効高さ $d_x = 160\,\mathrm{mm}$
c. Y 方向筋：鉄筋比 $p_y = 0.0089$, 有効高さ $d_y = 150\,\mathrm{mm}$
d. 材料係数 $\gamma_c = 1.3$, 部材係数 $\gamma_b = 1.3$, 構造物係数 $\gamma_i = 1.15$

*鉄筋コンクリートスラブの意味. スラブ ⇒ 床部材と覚えてよい.

ヒント

面部材 (スラブ) の押抜きせん断耐力式を理解しておこう.

第14章 ひび割れと変形

Key Points

- 鉄筋コンクリート部材における，ひび割れの発生と進展のメカニズム
- ひび割れ幅と許容ひび割れ幅の算定
- 有効曲げ剛性の算出と曲げ変形の計算
- 使用限界状態(Serviceability Limit State)の照査

ひび割れのクローズアップ
破壊させた試験体のため，いずれのひび割れも許容ひび割れ幅（0.2〜0.3mm程度）を大きく超えている。

学習の要点

◆ひび割れのメカニズム

(1) ひび割れの発生
- 引張応力の作用により，その直交方向にひび割れが発生する．
- 無筋コンクリートの場合，ただ1本のひび割れにより，部材は崩壊する．
- コンクリートの収縮を，埋設してある鉄筋が拘束することにより，ひび割れが発生する → 収縮ひび割れ．

(2) ひび割れ本数の増大
- 鉄筋コンクリートの場合，付着が良好であれば荷重の増大により，ひび割れ本数 → 増加，ひび割れ間隔 → 小さく，ひび割れ幅 → あまり増加しない．

◆曲げ部材のひび割れ開口幅と許容ひび割れ

(1) ひび割れ幅 w の計算（コンクリート標準示方書）

$$w = 1.1 k_1 k_2 k_3 \{4c + 0.7(c_s - \phi)\} \left[\frac{\sigma_{se}}{E_s} + \varepsilon'_{csd} \right] \tag{1}$$

ここで，k_1, k_2, k_3：引張鉄筋の種類，コンクリート強度，段数によって定まる定数．c_s, ϕ：鉄筋の中心間隔と径，σ_{se}＝引張鉄筋の応力，E_s＝引張鉄筋のヤング係数，ε'_{csd}＝コンクリートの収縮，クリープによるひび割れ幅の増加を考慮するときのひずみの値（一般の場合：150×10^{-6}，高強度コンクリートの場合：100×10^{-6}）．(例題 14–3 にて詳述)

(2) 環境条件と許容ひび割れ
- 鋼材の腐食に対する環境条件の区分

  ① 一般の環境，② 腐食性環境，③ 特に厳しい腐食性環境

- 許容ひび割れ幅* w_a（鉄筋のかぶりを c（mm）とする）

  ① 一般の環境：$w_a = 0.005c$

  ② 腐食性環境：$w_a = 0.004c$

  ③ 特に厳しい腐食性環境：$w_a = 0.0035c$

(3) ひび割れ幅に関する使用限界状態の照査

ひび割れ幅 w < 許容ひび割れ幅 w_a

*環境条件が厳しいほど，許容ひび割れは小さく制限される．

第14章 ひび割れと変形

◆有効曲げ剛性の算出と曲げ変形の計算

(1) 状態Ⅰと状態Ⅱの断面性状と曲げ剛性

使用状態にある鉄筋コンクリート断面は，次に示す状態Ⅰと状態Ⅱの間に存在する

・状態Ⅰ：全断面有効（ひび割れ発生前）の状態

状態Ⅰの断面2次モーメント：

$$I_g = \frac{bh^3}{12} \quad \text{（長方形断面で，鉄筋を無視した場合）} \tag{2}$$

・状態Ⅱ：RC断面（引張側コンクリートをまったく無視した）状態

状態状態Ⅱの断面2次モーメント：

$$I_{cr} = \frac{1}{3}bx^3 + nA_s(d-x)^2 \quad \text{（単鉄筋長方形の場合）} \tag{3}$$

(b, d, n, x：第11章（曲げモーメントを受ける部材）を参照)

(2) ひび割れ断面の有効曲げ剛性 $E_e I_e$

$$E_e I_e = (\frac{M_{crd}}{M_{d\max}})^3 E_e I_g + \left[1 - (\frac{M_{crd}}{M_{d\max}})^3\right] E_e I_{cr} \tag{4}$$

ここで，E_e：コンクリート有効弾性係数，$M_{d\max}$：設計曲げモーメントの最大値，M_{crd}：ひび割れが発生するときの曲げモーメント

有効曲げ剛性 $E_e I_e$ の見方

$$M_{d\max} \leqq M_{crd} \quad \rightarrow \quad E_e I_e = E_e I_g \tag{5}$$

$$M_{d\max} \approx \infty \quad \rightarrow \quad E_e I_e = E_e I_{cr} \tag{6}$$

したがって，使用荷重時（$M_{d\max} \geqq M_{crd}$）では $I_g \geqq I_e \geqq I_{cr}$．

すなわち，有効曲げ剛性 $E_e I_e$ は，状態Ⅰと状態Ⅱの間をとる．

(3) ひび割れが生じたはり部材の曲げ変形の計算

応用力学にて学習した弾性変形式を用い，上記の有効曲げ剛性 $E_e I_e$ を適用すればよい．たとえば，

$$\text{集中荷重 } P \text{ を受ける単純はり}: \delta = \frac{PL^3}{48 E_e I_e} \tag{7}$$

$$\text{分布荷重 } q \text{ を受ける単純はり}: \delta = \frac{5}{384} \frac{qL^4}{E_e I_e} \tag{8}$$

◆変位・変形に関する使用限界状態の照査

$$\text{変位 } \delta < \text{許容変位} \delta_a$$

ここで，変位 δ：有効曲げ剛性を用いて算出した変位，許容変位 δ_a：各種示方書/ガイドラインによって定められる変位

例題 14-1

次に示す a.～e. の記述のうち，誤った記述の個所はいくつあるか．ただし，記述の正誤は，下線部のみを対象とする．

a. 限界状態を英語で言うと，<u>使用限界状態：serviceability limit state，終局限界状態：ultimate limit state，疲労限界状態：fatigue limit state</u>と表現される．
b. 鉄筋コンクリート部材の許容ひび割れ幅は大略0.1～0.3mm程度である．また，許容ひび割れ幅は，コンクリートのかぶりが小さいほど，海洋コンクリートなどのように環境条件が厳しいほど，<u>許容値を大きくしなければならない</u>．
c. 曲げひび割れの発生によって部材の曲げ剛性は低下する．このときの曲げ剛性は，使用荷重状態であれば，<u>全断面有効時の断面2次モーメントとひび割れ断面（引張コンクリートがまったく寄与しない断面）の断面2次モーメントとの中間状態にあり，換算式による有効断面2次モーメントを用いる</u>．
d. 有効断面2次モーメントは，ひび割れ発生以降，作用荷重の増加により徐々に減少するが，<u>主鉄筋量が少ないほど，コンクリート強度が大きいほど，その低下の度合が大きい</u>．
e. 外的荷重による瞬間的な変形を短期変形といい，その後の持続荷重による変形を長期変形という．<u>短期変形は，ひび割れ発生に大きな影響を受ける</u>．長期変形は，短期変形に比べて，<u>コンクリートのクリープ作用と収縮により時間の経過とともに減少するが，やがて一定値に収束する</u>．

解答群：
① 1　② 2　③ 3　④ 4　⑤ 5

解説

a. すべて正しい．
b. 許容値を「大きくしなければならない」⇒「小さくしなければならない」

第 14 章　ひび割れと変形

c. すべて正しい．
d. 「コンクリート強度が大きいほど」$\Longrightarrow$ コンクリート強度は特に関係しない．
e. 「時間の経過とともに減少」$\Longrightarrow$「時間の経過とともに増加」

正解 ③ 3

例題 14-2

曲げひび割れを生じている鉄筋コンクリート断面の有効断面 2 次モーメント I_e は，次式によって計算できる（ブランソンの式*）．

$$I_e = \left(\frac{M_{cr}}{M}\right)^3 I_g + \left\{1 - \left(\frac{M_{cr}}{M}\right)^3\right\} I_{cr}$$

I_g：全断面有効時時の断面 2 次モーメント
I_{cr}：RC 断面の断面 2 次モーメント
M_{cr}：ひび割れ発生時の曲げモーメント
M：作用曲げモーメント

このとき，次の記述のうち，正しい正誤の組合せを答えよ．

a. この式に用いられる 3 つの断面 2 次モーメントの大小関係は，$I_{cr} \leq I_e \leq I_g$ である．
b. この有効断面 2 次モーメント I_e によって，ひび割れを生じているはり・柱部材の変形（たわみ）を，ひび割れ発生直後から終局時まで算定することができる．
c. 引張鉄筋の鉄筋量を 2 倍にすると，I_g, I_{cr} ともに，ほぼ 1.5 倍となる．
d. 換算有効断面 2 次モーメント I_e は，作用曲げモーメント M の大きさによって，次のような両極端をとる．

$$M = M_{cr} \quad \rightarrow \quad I_e = I_g$$
$$M = \infty \quad \rightarrow \quad I_e = I_{cr}$$

e. 計算の一例として，$M = 1.1 M_{cr}$ のとき，$I_e = 0.59 I_g + 0.85 I_{cr}$ となる．

*ブランソンの式：前述の有効曲げ剛性 $E_c I_e$ の原形となっている．

解答群：
① a.○　b.×　c.×　d.○　e.×
② a.×　b.×　c.○　d.○　e.○
③ a.○　b.○　c.×　d.×　e.×
④ a.×　b.○　c.×　d.○　e.○
⑤ a.×　b.○　c.○　d.×　e.○

解説

a. 正しい：3つの断面2次モーメント I_{cr}, I_e, I_g の定義と仮定を考えよ．設問 d. の記述からも推測できる．

b. 誤り：使用状態のみで，終局時までの変形（たわみ量）は計算できない．

c. 誤り：鉄筋量を2倍にすると，I_{cr} は1.5倍となることがある（断面の条件による）が，I_g はほとんど変化しない．

d. 正しい：有効断面2次モーメント I_e は，このように I_g と I_{cr} の両極端をとる．

e. 誤り：上式を用いると，$M = 1.1 M_{cr}$ のとき，$I_e = 0.75 I_g + 0.25 I_{cr}$ となる．右辺の2つの係数を足すと，常に1とならなければならない．

正解▷ ① a.○　b.×　c.×　d.○　e.×

例題 14−3

以下のような条件下の鉄筋コンクリート部材を考える．このような部材の，①曲げひび割れ幅を計算し，②曲げひび割れに対する検討（使用限界状態の照査）を行え．

・断面諸元：単鉄筋長方形断面
　$b = 1000\,\mathrm{mm}$, $h = 950\,\mathrm{mm}$, $d = 900\,\mathrm{mm}$, A_s = 9-D25（配筋：一段配置，中心間隔 $c_s = 100\,\mathrm{mm}$）

・諸荷重による曲げモーメント：
　永久荷重による曲げモーメント：$M_d = 250\,\mathrm{kNm}$
　変動荷重による曲げモーメント：$M_r = 500\,\mathrm{kNm}$

> （ひび割れ幅を算定する際の変動荷重の影響を表す 係数* $\alpha=0.5$ とする）
> ・環境条件：一般の環境
> ・コンクリートの性質：$\varepsilon'_{csd} = 150 \times 10^{-6}$，設計基準強度 $f'_{ck} = 24\,\mathrm{N/mm^2}$，
> ・ヤング係数比 $n =$ 鉄筋のヤング係数 $E_s(= 200 \times 10^3\,\mathrm{N/mm^2})$ / コンクリートのヤング係数 $E_c(= 25 \times 10^3\,\mathrm{N/mm^2}) = 8$

＊永久荷重と比較して，変動荷重によるひび割れ幅が鋼材腐食に及ぼす影響度の差を考慮する係数．

解説

① 曲げひび割れ幅の計算

コンクリート標準示方書［構造性能照査編］による曲げひび割れ幅算定式を再度示す．

$$w = 1.1 k_1 k_2 k_3 \{4c + 0.7\,(c_s - \phi)\} \left[\frac{\sigma_{se}}{E_s} + \varepsilon'_{csd}\right] \tag{1}$$

ここに，k_1：鋼材の表面形状がひび割れ幅に及ぼす影響を表す係数，k_2：コンクリートの品質がひび割れ幅に及ぼす影響を表す係数，k_3：引張鋼材の段数がひび割れ幅に及ぼす影響を表す係数，c：かぶり，c_s：鋼材の中心間隔，ϕ：鋼材径，ε'_{csd}：コンクリートの収縮およびクリープ等によるひび割れ幅の増加を考慮するための数値，σ_{se}：鉄筋応力度の増加量．

・中立軸比 k，中立軸位置 x

ヤング係数比 $n = E_s/E_c = 200 \times 10^3/(25 \times 10^3) = 8.0$
$A_s = 9\text{-}D25 = 4560\,\mathrm{mm^2}$, $np = 8.0 \times 4560/(1000 \times 900) = 0.0405$
中立軸比 k：$k = -np + \sqrt{(np)^2 + 2np}$
$\qquad\quad = -0.0405 + \sqrt{0.0405^2 + 2 \times 0.0405}$
$\qquad\quad = 0.247$
中立軸位置 x：$x = kd = 0.247 \times 900 = 222\,\mathrm{mm}$,
$\qquad\qquad jd = d - x/3 = 826\,\mathrm{mm}$

・鉄筋応力度の増加量 σ_{se}

σ_{se} を算出する場合の設計断面力 M_e：
$\quad M_e = M_d + \alpha M_r = 250 + 0.5 \times 500 = 500\,\mathrm{kNm}\,(\alpha = 0.5)$
単鉄筋長方形断面の鉄筋の引張応力度 σ_{se}：
$\quad \sigma_{se} = M_e/(A_s jd) = 500 \times 10^6/(4560 \times 826) = 133\,\mathrm{N/mm^2}$

・諸係数 k_1, k_2, k_3 と配筋に関する数値

$k_1 = 1.0$（異形鉄筋の場合）

$$k_2 = \frac{15}{f'_{cd} + 20} + 0.7 = \frac{15}{24/1.0 + 20} + 0.7 = 1.04 \quad (ただし, \gamma_c = 1.0)$$

$$k_3 = \frac{5(n+2)}{7n+8} = \frac{5 \times (1+2)}{7 \times 1 + 8} = 1.0 \quad (ただし, n は鋼材の段数で, n = 1)$$

配筋に関して，鋼材の中心間隔 $c_s = 100\,\text{mm}$, 鋼材径 $\phi = 25\,\text{mm}$（D25 を使用）

かぶり $c : c = h - d - \phi/2 = 950 - 900 - 25/2 = 37.5\,\text{mm}$

・曲げひび割れ幅 w

曲げひび割れ幅算定式（1）を用い，諸数値を代入すると

$$\begin{aligned}
w &= 1.1 k_1 k_2 k_3 [4c + 0.7(C_s - \phi)][\sigma_{se}/E_s + \varepsilon'_{csd}] \\
&= 1.1 \times 1.0 \times 1.04 \times 1.0 \times [4 \times 37.5 + 0.7 \times (100 - 25)] \\
&\quad \times [133/(200 \times 10^3) + 150 \times 10^{-6}] \\
&= 0.189\,\text{mm}
\end{aligned}$$

② 曲げひび割れの検討（使用限界状態の照査）

・一般の環境に対する許容ひび割れ幅 $w_a : w_a = 0.005c$（c：鉄筋のかぶり）

$$w_a = 0.005c = 0.005 \times 37.5 = 0.188\,\text{mm}$$

・使用限界状態の照査：ひび割れ幅 w と許容ひび割れ幅 w_a の大小比較 $w = 0.189\,\text{mm} > w_a = 0.188\,\text{mm}$ となり，この場合，曲げひび割れ幅は許容ひび割れ幅を超え，使用限界状態の要件を満足しない．

・その他の環境条件に対する許容ひび割れ幅 w_a：腐食性環境下では $w_a = 0.004c$, 特に厳しい腐食性環境下では $w_a = 0.0035c$

第14章 ひび割れと変形

【練習問題14−1】

鉄筋コンクリートの使用限界(ひび割れと変形)に関する次の記述のうち,正しいものの組合せはどれか.

a. 引張荷重を受ける鉄筋コンクリート部材では,ひび割れを生じることが多いが,この場合,鉄筋とコンクリートの付着が良好なほどひび割れ本数は多く,したがって,ひび割れ幅は小さくなる.

b. 鉄筋コンクリート部材の許容ひび割れ幅は大略 0.01〜0.03 mm 程度である.通例,コンクリートのかぶりが大きいほど,また環境条件* が厳しいほど,許容ひび割れ幅を小さくしなければならない.これは,埋設してある鉄筋の腐食を抑制し,構造物の耐久性を確保するためである.

* 3つの区分を再確認すること.

c. コンクリート標準示方書のひび割れ幅算定式によれば,丸鋼を用いた場合,異形鉄筋に比べて,ひび割れ幅は 1.5 倍となる*.したがって,丸鋼を用いた場合,より厳しい許容ひび割れ幅を課すことになる.

* 式 (1) のうち,係数 k_1 にて考慮する.

d. 作用荷重がひび割れ発生強度を超えると,ひび割れが発生するが,ひび割れ間のコンクリートの引張抵抗はなお残存し,これを引張硬化 (tension stiffening) といい,終局耐力の算定では特に重要となる.

e. 鉄筋コンクリートの使用限界としては,ひび割れと変形に対する検討が特に重要である.このような使用限界状態に対して
 ・使用状態におけるひび割れ幅<環境条件による許容ひび割れ幅
 ・使用状態における変形量(たわみなど)<(その構造物の)許容変形量
によって照査される.

解答群:
① a., e. ② b., e. ③ b., d. ④ a., c. ⑤ d., e.

ヒント

ひび割れ幅に影響を及ぼす要因を整理しよう.

【練習問題14−2】

鉄筋コンクリートの使用限界（ひび割れ）に関する次の記述のうち，正しいものの組合せはどれか．

a. 使用限界状態での照査は，部材（または構造物）の常時荷重状態から崩壊時までの使用性（鉄筋コンクリートの場合，ひび割れ，変形など）をチェックするもので，英語で serviceability limit state という．
b. ひび割れの発生は，埋設してある鋼材の腐食，水密性/気密性の低下，終局耐荷力の低下，美観が損なわれることなどの原因となり，適切なひび割れ制御が必要である．
c. コンクリート部材のひび割れは，曲げモーメント，せん断力，ねじりモーメント，軸引張力によって生じる．通常の構造物の場合，曲げモーメントによるひび割れがもっとも重要となる．
d. 使用状態でのひび割れ幅について，次のことが言える．
    ・引張鉄筋の応力が大きいほど，ひび割れ幅は大きくなる．したがって，ある断面に対して，作用する曲げモーメントが大きくなるほど，鉄筋量が少ないほど，ひび割れ幅は大きくなる．
    ・コンクリートは経年的に収縮するが，この収縮量が大きいほど，ひび割れ幅は大きくなる．
e. 許容ひび割れ幅は，建設地点の環境条件によって異なる．標準示方書では，一般の環境，山岳環境，海洋環境の3つに分類され，海洋環境での許容値が最も小さい．

解答群：
① a., c. ② b., d. ③ d., e. ④ c., d. ⑤ a., e.

ヒント

ひび割れ発生のメカニズム，ひび割れ幅算定式の内容を理解しておこう．環境条件に関する3つの区分も再度整理しよう．

【練習問題14−3】

鉄筋コンクリート単純はりのひび割れとたわみに関する次の記述につ

いて，誤ったものの組合せはどれか*．

a. 引張鉄筋の総断面積を変化させずに，降伏点の高い鉄筋を使用すると，曲げひび割れ発生荷重は大きくなる．
b. 同一荷重に対する曲げひび割れ幅は，引張鉄筋量が大きくなると小さくなる．
c. クリープによるたわみは，圧縮鉄筋を配置することにより低減することができる．
d. 引張鉄筋の総断面積を変化させずに，径の大きいものを使用して本数を減らすと，同じ荷重に対する曲げひび割れ幅は大きくなる．
e. 同一荷重に対するたわみは，引張鉄筋量が大きくなると大きくなる．

*ひび割れ幅 w については，式 (1)，たわみ δ については式 (4)，(7)，(8) を見て，類推してみよう．

解答群：
① a., c.　② a., e.　③ b., d.　④ b., e.　⑤ c., d.

ヒント

ひび割れとたわみに関する基本的事項．

【練習問題14−4】

鉄筋コンクリートはりのひび割れ幅とひび割れ発生荷重について述べた次の記述のうち，適当なものはどれか．ただし，はりの外形寸法は変えないものとする．

a. 引張鉄筋の総断面積を変えないで，降伏点の高い鉄筋を使用すると，曲げひび割れ発生荷重は大きくなる．
b. 引張鉄筋の径を変えないで本数を増やすと，曲げひび割れ発生荷重はその本数に比例して大きくなる．
c. 引張鉄筋の総断面積を変えないで，径の大きいものを使用して本数を減らすと，同じ荷重時のひび割れ幅は大きくなる．
d. 引張鉄筋の本数を変えないで，径の細いものを使用すると，同じ荷重時のひび割れ幅は小さくなる．

(H.4 コンクリート技士試験問題より抜粋)

解答群：
① a.　② b.　③ c.　④ d.

ヒント？

ひび割れに関する基本事項である．曲げひび割れ発生荷重とひび割れ幅算定式を理解しておこう．

【練習問題14−5】

図に示すような単純はり（無筋コンクリート）が荷重を受けたとき，はり中央に生じるたわみ δ およびはり中央断面における下縁の引張応力度 σ に関する記述のうち，誤っているものはどれか．

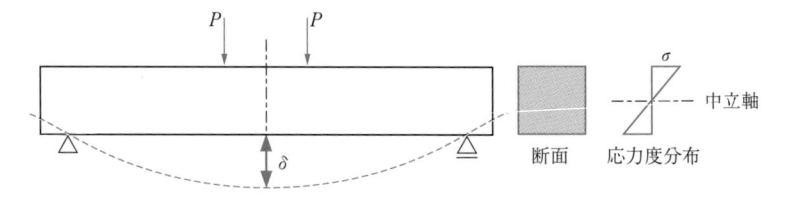

a. ヤング係数が大きいほど，σ は小さくなる．
b. ヤング係数が大きいほど，δ は小さくなる．
c. 断面係数が大きいほど，σ は小さくなる．
e. 断面2次モーメントが大きいほど，δ は小さくなる．

解答群：
① a.　② b.　③ c.　④ d.

ヒント？

曲げモーメントを受ける場合の応力（11章参照）と変形の算定式を思い出そう．ひび割れの発生していない弾性問題として考える．

【練習問題14−6】

スパン $L = 8\,\text{m}$ の単鉄筋長方形断面単純はり（$b = 400\,\text{mm}$，$h = 550\,\text{mm}$，$d = 500\,\text{mm}$，$As = 4\text{-D29}$）のスパン中央に集中荷重 $P = 50\,\text{kN}$ が作用している．このとき

① この断面の全断面有効時の断面 2 次モーメント I_g と RC 断面時の断面 2 次モーメント I_{cr} を求めよ．
② スパン中央の短期たわみ δ を計算せよ．ただし，コンクリートの設計基準強度 $f'_{ck} = 24\,\mathrm{N/m^2}$，ヤング係数 $E_c = 25\,\mathrm{kN/mm^2}$，鉄筋のヤング係数 $E_s = 200\,\mathrm{kN/mm^2}$，粗骨材の最大寸法 $d_\mathrm{max} = 20\,\mathrm{mm}$ とする．なお，部材自重の影響は考慮しなくてよい．

ヒント

「学習の要点」のうち有効曲げ剛性の算出と曲げ変形の計算を参照しよう．まず，与えられた荷重に対して，曲げひび割れが発生するかしないかを考える．

【練習問題14-7】

鉄筋コンクリートの疲労限界[*] と使用限界に関する次の記述のうち，正しい正誤の組合せを解答群の中から一つ選択せよ．

[*] 疲労限界状態については 15 章を参照のこと．

a. 材料の疲労特性を表す S-N 線図は，縦軸に応力パラメータ S，横軸に疲労寿命 N をとり，右下がりの図となる．また，応力パラメータ S として，応力振幅または最大応力とすることが多く，横軸の N は通例 log スケールとなる．

b. 疲労限界状態の照査は，一般に使用荷重状態における繰り返し荷重に対して行われる．したがって，地震荷重，鉄道/車両の交通荷重，などが対象となる．

c. 曲げひび割れの発生によって低下した部材の曲げ剛性は，ひび割れを考慮した有効断面 2 次モーメントによって算定できる．使用限界状態の照査における変形量の計算に際しては，この有効断面 2 次モーメントを用いる．

d. 一般に，鉄筋コンクリート部材では，ひび割れの発生を許容するが，鉄筋量を増加することによりひび割れを閉合させることができる．この場合，使用限界状態の照査を省略することができる．

e. 終局限界状態にて設計照査された構造物は，使用限界状態に対する設計照査を省略することができるが，疲労限界状態に対しては別途行う必要がある．これは，使用限界状態は，終局限界状態より低い荷重レベルを考えるためであり，疲労限界状態とは多数回の繰返し

荷重下（応力下）における照査作業であるためである．

解答群：
① a.○,　　b.×,　　c.○,　　d.×,　　e.×
② a.×,　　b.×,　　c.○,　　d.○,　　e.○
③ a.○,　　b.○,　　c.○,　　d.×,　　e.×
④ a.×,　　b.○,　　c.×,　　d.○,　　e.○
⑤ a.×,　　b.○,　　c.×,　　d.×,　　e.○

ヒント

使用限界と疲労限界の違いを考えよう．

第15章 疲労荷重を受ける部材

Key Points

・疲労荷重（繰返し荷重）と疲労破壊（疲労寿命）
・S-N線図の読み方
・コンクリート標準示方書の疲労強度式：
　コンクリート／異形鉄筋
・疲労限界に対する安全性の照査

繰返し荷重を受けるはり部材の
載荷試験のセットアップ
　　一方向疲労試験

学習の要点

◆疲労荷重

疲労荷重（繰返し荷重）の種類
- 土木構造物の場合：交通荷重（道路橋），列車荷重（鉄道橋），波浪による荷重など．
- 振幅荷重（応力振幅）＝上限荷重（上限応力）− 下限荷重（下限応力）．
- 道路橋の場合：下限荷重＝死荷重（永久荷重），上限荷重＝下限荷重＋活荷重（振幅）

＊「上限応力＝下限応力＋応力振幅」と覚えるとわかりやすい．

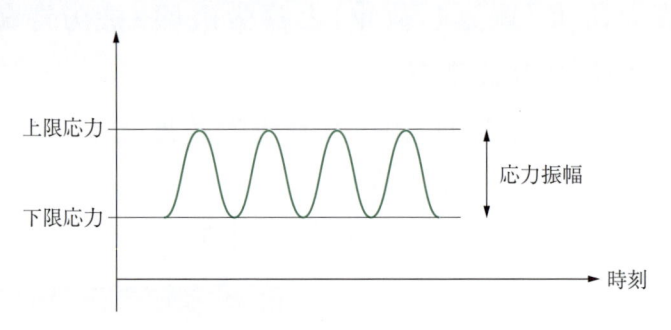

図1 上限応力，下限応力，応力振幅の説明図 ＊

◆疲労破壊と S–N 線図

疲労破壊/疲労寿命

疲労破壊：1回では破壊に至らないが，数万回，数十万回と多数回の荷重が作用することにより，破壊する現象．

疲労寿命：疲労破壊するまでの繰返し回数．

S–N 線図

縦軸：応力パラメータ S と，横軸：疲労寿命（疲労回数） N．

図2のように，右下がりの図となる．

応力パラメータ S は，通例，上限応力または応力振幅が用いられ，これを疲労強度と呼ぶことがある．したがって，疲労強度は疲労寿命（疲労回数） N とセットで定義される．

第 15 章　疲労荷重を受ける部材

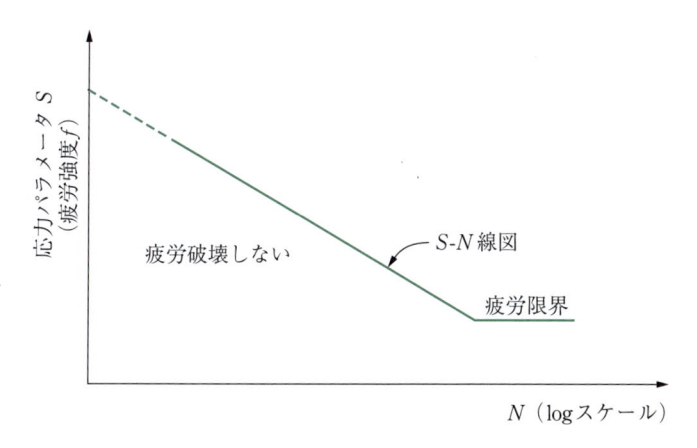

図 2　S-N 線図

◆コンクリートの疲労強度
コンクリート標準示方書の設計疲労強度式 *

$$f_{rd} = k_{1f} f_d (1 - \frac{\sigma_p}{f_d})(1 - \frac{\log N}{K}) \quad ただし, N \leq 2 \times 10^6 \quad (1)$$

＊ N は，繰返し回数または疲労寿命を表わし，題意によって判断する．

ここで，　k_{1f}　：圧縮/曲げ圧縮の場合 $k_{1f} = 0.85$，
　　　　　　　　　引張/曲げ引張の場合 $k_{1f} = 1.0$
　　　　　f_d：コンクリートの設計強度（材料係数 $\gamma_c = 1.3$ とする）
　　　　　σ_p：永久荷重による応力（下限応力に相当する）
　　　　　K：水中/軽量コンクリートの場合 $K = 10$，
　　　　　　　　その他の一般の場合　$K = 17$

コンクリートの S-N 線図
　縦軸応力振幅，横軸：疲労寿命（log スケール）：片対数グラフにて右下がりの直線

◆異形鉄筋の疲労強度
コンクリート標準示方書の設計疲労強度式

$$f_{srd} = 190 \frac{10^\alpha}{N^k}(1 - \frac{\sigma_{sp}}{f_{ud}})/\gamma_s \quad ただし, N \leq 2 \times 10^6 \quad (2)$$

ここで，$\alpha = k_{0f}(0.81 - 0.003\phi)$，$\phi$：鉄筋径，$k_{0f}$：鉄筋のふしの形状係数（1.0 とする），$k = 0.12$, f_{ud}：鉄筋の設計引張強度（材料係数を 1.05 として求める），γ_s：材料係数（1.05 とする），σ_{sp}：永久荷重による鉄筋の応力

異形鉄筋の S-N 線図
　　縦軸：応力振幅（log スケール），横軸：疲労寿命（log スケール）
両対数グラフにて右下がりの直線

◆疲労限界に対する安全性の照査
応力度レベルによる照査

$$\gamma_i \frac{\sigma_{rd}}{f_{rd}/\gamma_b} \leqq 1.0 \tag{3}$$

設計変動応力（応力振幅）σ_{rd} と，設計疲労強度 f_{rd}/γ_b との比に，構造物係数 γ_i を乗じた値が，1.0 以下であることを確かめる．

断面力レベルによる照査

$$\gamma_i \frac{S_{rd}}{R_{rd}} \leqq 1.0 \tag{4}$$

設計変動断面力 S_{rd} と，設計疲労耐力 R_{rd} との比に，構造物係数 γ_i を乗じた値が，1.0 以下であることを確かめる．

第 15 章　疲労荷重を受ける部材

例題 15−1

次に示す a.〜e. の下線部の記述のうち，誤った記述のないものの組合せはどれか．

a. 繰返し荷重による破壊を疲労破壊といい，破壊までの繰返し回数を疲労寿命という．変動荷重が作用する場合，死荷重（永久荷重）によるものを下限応力，死荷重＋活荷重によるものを上限応力，活荷重（変動荷重）によるものを応力振幅と呼ぶ．材料の疲労寿命は，これら下限応力，上限応力，応力振幅のいずれか一つによって決定される．

b. 材料の疲労寿命は，たとえば，応力振幅が大きいほど疲労寿命は小さくなる．また，応力振幅が同じ場合，下限応力が大きいほど疲労寿命は小さくなる．

c. 鉄筋の疲労強度式（S-N 線式）では，両対数用紙（log-log グラフ）上で直線となる．一方，コンクリートの疲労強度式（S-N 線式）では，片対数用紙（semi-log グラフ）上で直線となる．

d. 鉄筋コンクリートはり部材の疲労寿命を計算する場合，曲げ疲労破壊およびせん断疲労破壊の両者を検討する必要がある．曲げ疲労破壊では，圧縮コンクリートおよび引張鉄筋の両材料の疲労寿命を計算し，大きいほうがその部材の疲労寿命となる．

e. 実際の変動荷重では，下限応力，上限応力，応力振幅が大小さまざまに変化する．この場合，マイナー則（線形被害則）*の適用が有効であるが，これはコンクリート材料に限られる．

解答群：
① a., c.　② b., c.　③ e., d.　④ a., d.　⑤ b., e.

*ある応力振幅の実繰返し回数 n_i とその応力振幅での疲労寿命を N_i の比が被害度を表す．$\sum(n_i/N_i) = 1.0$ のとき疲労破壊するという法則

解説

a. 誤り：材料の疲労寿命は，下限応力，上限応力，応力振幅のいずれか 2 つによって決定されることが多い．

b. 正しい：応力振幅が同じ場合，下限応力が大きいほど疲労寿命は小さくなる．

c. 正しい：鉄筋の疲労強度式（S–N 線式）：両対数用紙（log–log グラフ）上で直線．
コンクリートの疲労強度式（S–N 線式）：片対数用紙（semi-log グラフ）上で直線．

d. 誤 り：圧縮コンクリートおよび引張鉄筋の両材料の疲労寿命を計算し，大きいほうがその部材の疲労寿命となる．⇒ 小さいほうが疲労破壊となる．これは，少ない回数のほうが，繰り返し過程のなかで先に疲労破壊するということである．

e. 誤 り：マイナー則（線形被害則）は，鉄筋とコンクリート両者に適用でき，他の材料に用いられることがある（マイナー則は，もともと金属材料に対して提案されたものである）．

正解 ▷ ② b., c.

例題 15–2

コンクリート標準示方書の設計疲労強度式（コンクリート）を用いて，次の2つの設問に答えよ．

設問 1：疲労寿命 $N = 1 \times 10^6$ に対するコンクリートの疲労強度 f_r を求めよ．ただし，普通コンクリート（設計基準強度 $f'_{ck} = 30\,\text{N/mm}^2$）とし，次の2ケースを考える．
① 永久荷重による応力 $\sigma_p = 0\,\text{N/mm}^2$ のとき
② 永久荷重による応力 $\sigma_p = 10\,\text{N/mm}^2$ のとき

設問 2：$5\,\text{N/mm}^2$ の応力振幅（圧縮応力）を受けるときの，コンクリートの疲労寿命 N を求めよ．ただし，永久荷重による応力 $\sigma_p = 10\,\text{N/mm}^2$ とし，次の2ケースを考える．
① 水で飽和されている場合（水中コンクリート）
② 一般のコンクリートの場合

解説

設問 1 の解答：

コンクリートの材料係数 $\gamma_c = 1.3$ → $f'_{cd} = \dfrac{30}{1.3} = 23.1\,\text{N/mm}^2$

① 永久荷重による応力 $\sigma_p = 0\,\text{N/mm}^2$ のとき

$$f_{rd} = 0.85 \times 23.1 \times (1 - \frac{0}{23.1}) \times (1 - \frac{\log 10^6}{17}) = 12.7\,\text{N/mm}^2$$

② 永久荷重による応力 $\sigma_p = 10\,\text{N/mm}^2$ のとき

$$f_{rd} = 0.85 \times 23.1 \times (1 - \frac{10}{23.1}) \times (1 - \frac{\log 10^6}{17}) = 7.2\,\text{N/mm}^2$$

これらの結果から，永久荷重による応力（下限応力）が小さいほど，疲労強度は大きくなることがわかる．

設問2の解答：

コンクリート標準示方書の設計疲労強度式を「$\log N =$」の形に書き換え，応力振幅を疲労強度 f_{rd} と考える．

$$\log N = K \left\{ 1 - \frac{f_{rd}}{k_1 f_{cd}(1 - \sigma_p/f_{cd})} \right\}$$

① 水中コンクリートでは $K=10$ となる．上式に各数値を代入すると

$$\log N = K \left\{ 1 - \frac{f_r}{k_1 f_{cd}(1 - \sigma_p/f_{cd})} \right\} = 10 \left\{ 1 - \frac{5}{0.85 \cdot 23.1(1 - 10/23.1)} \right\}$$
$$= 5.51 \quad \rightarrow \quad N = 10^{5.51} = 3.24 \times 10^5\,(\text{回})$$

② 普通コンクリートでは $K=17$ となる．上式に各数値を代入すると

$$\log N = K \left\{ 1 - \frac{f_r}{k_1 f_{cd}(1 - \sigma_p/f_{cd})} \right\} = 17 \left\{ 1 - \frac{5}{0.85 \cdot 23.1(1 - 10/23.1)} \right\}$$
$$= 9.37 \quad \rightarrow \quad N = 10^{9.37} = 2.34 \times 10^9\,(\text{回})$$

*式 (1) に示した設計疲労強度式の原型となっている．

*応力振幅 σ_r を式 (1) の f_{rd} に読換える．

*最小（下限）応力に相当する．

【練習問題15 – 1】

コンクリートの疲労強度（通例，圧縮強度）の算定式に多用されるGoodman型の S–N 線図* は，次式で表される．

$$\frac{\sigma_r}{f_k} = \left(1 - \frac{\sigma_{\min}}{f_k}\right)\left(1 - \frac{\log N}{K}\right)$$

ただし，σ_r：応力振幅*，N：疲労寿命，$\sigma_{\min}$：最小（下限）応力，f_k：材料強度，K：係数．

次の記述のうち，正しいものの組合せを解答群の中から選択せよ．

a. 上式の場合，縦軸として応力振幅 σ_r を普通スケール，横軸の疲労寿命 N を log スケールにて表すと，この S–N 線図は，下に凸の曲線（指数曲線）となる．

b. 係数 K は材料定数で，コンクリート標準示方書では水中コンクリート/軽量コンクリート：$K = 17$，その他のコンクリート：$K = 10$ としている．この場合，軽量コンクリート（$K = 10$）のほうが，普通コンクリートの場合（$K = 17$）より疲労寿命 N が大きくなる（長寿命となる）．

c. 疲労寿命（疲労回数）N を 10^6 から 10^7 に大きくすると，疲労強度（疲労振幅）は 9% 減少する．ただし，普通コンクリート（$K = 17$）の場合を考え，永久荷重* を同一とする．

d. 疲労強度（疲労振幅）が圧縮強度の 60% の場合，疲労寿命は，$N = 1.5 \times 10^5$ である．ただし，水中コンクリート（$K = 10$）の場合を考え，永久荷重をゼロとする．

e. 応力振幅 σ_r が一定のとき，下限応力 $\sigma_{\min}$ が小さいほど疲労寿命 N が大きくなる（長寿命となる）．

f. 最大（上限）応力 $(\sigma_r + \sigma_{\min})$ が一定の場合，下限応力 $\sigma_{\min}$ が大きいほど疲労寿命 N が大きくなる（長寿命となる）．

解答群：
① a., b., d.   ② b., c., d.   ③ a., d., f.
④ c., e., f.   ⑤ d., e.

ヒント

与えられた Goodman 型の S–N 線図の定性的および定量的な意味を確認されたい．S–N 線図は，通例，片対数グラフまたは両対数グラフ上で直線となる．

【練習問題15−2】

前問のコンクリートの疲労強度式（Goodman 型の S–N 線式）を用いて，応力振幅を求めよ．ただし，下限応力を，コンクリート強度（$=30\,\mathrm{N/mm^2}$）の 20%，疲労寿命を $N = 1 \times 10^6$ 回（百万回）とし，定数を $K = 17$（一般のコンクリート）とする．
最も近いものを解答群の中から選択せよ．

解答群：
① $\sigma_r = 5\,\mathrm{N/mm^2}$
② $\sigma_r = 10\,\mathrm{N/mm^2}$
③ $\sigma_r = 15\,\mathrm{N/mm^2}$
④ $\sigma_r = 20\,\mathrm{N/mm^2}$
⑤ 設問の記述では，条件が足らない

ヒント

Goodman 型の S–N 線式を適用する際の条件（定数など）がそろっているかを，まず確認せよ．

【練習問題15−3】

コンクリート標準示方書の設計疲労強度式（異形鉄筋）を用いて，次の2つの設問に答えよ．

設問1：次の疲労回数 N に対する疲労強度 f_{srd} を求めよ．
　① $N = 2 \times 10^6$
　② $N = 2 \times 10^5$
　ただし，永久荷重による応力を $\sigma_{sp} = 120\,\mathrm{N/mm^2}$ とし，異形鉄筋（SD345, D29）について検討する．

設問2：次の条件に対する鉄筋の疲労回数 N^* を求めよ．ただし，永久

＊例題 15-2，設問 2 の同じ手順を参考とする．

荷重による応力 $\sigma_{sp} = 40\,\mathrm{N/mm^2}$ とする．
① $90\,\mathrm{N/mm^2}$ の応力振幅を受けるとき
② $120\,\mathrm{N/mm^2}$ の応力振幅を受けるとき

ヒント

設問1：設計疲労強度式 (2) を用いるが，係数 α の計算に注意せよ（式 (2) の諸式参照）．

設問2：設計疲労強度式を「$N =$」の形に書き換え，設計強度式の設計疲労強度 f_{srd} を応力振幅とみなす．

【練習問題15–4】

気中環境にある，$b = 900\,\mathrm{mm}$，$d = 450\,\mathrm{mm}$，$As = 8\text{-}D32$（SD345）の単鉄筋長方形断面に対して，曲げ疲労限界に対する安全性を検討したい．ここで，曲げモーメント M_D および M_i とその繰返し回数を下記のとおりとする．

・永久荷重による曲げモーメント：$M_D = 100\,\mathrm{kNm}$
・変動荷重による曲げモーメント M_i（繰返し回数 n_i）：
$M_1 = 100\,\mathrm{kNm}\ (n_1 = 10^8\ 回)$，$M_2 = 150\,\mathrm{kNm}\ (n_2 = 10^7\ 回)$，$M_3 = 200\,\mathrm{kNm}\ (n_3 = 10^6\ 回)$

このとき，変動荷重による曲げモーメント $M_3 = 200\,\mathrm{kNm}$ に換算した等価繰返し回数 N_{eq} を求めよ．ただし，以下のような条件を設定する．

① コンクリート：設計基準強度 $f'_{ck} = 24\,\mathrm{N/mm^2}$，ヤング係数 $E_c = 25\,\mathrm{kN/mm^2}$
② 鉄筋：ヤング係数 $E_s = 200 \times 10^3\,\mathrm{N/mm^2}$
③ 安全係数：材料係数，$\gamma_c = 1.3$（コンクリート），$\gamma_s = 1.05$（鉄筋），部材係数 $\gamma_b = 1.1$，構造物係数 $\gamma_c = 1.0$

ヒント

3段階の荷重に対する等価繰返し回数 N_{eq} の算定式として，マイナー則を適用すると，次式が得られる．

異形鉄筋の疲労破断：$N_{eq,s} = \sum_{i=1}^{3} n_i \times \left(\dfrac{M_i}{M_0}\right)^{1/k}$

コンクリートの圧縮疲労破壊：$N_{eq,c} = \sum_{i=1}^{3} n_i \times 10^{K(\sigma_{cri}-\sigma_{cr0})/A_0}$

（式中の記号については，コンクリート標準示方書を参照すること.）

> 【練習問題15-5】
> 上記の練習問題15-4の条件下における曲げ疲労限界に対する安全性を検討せよ．ここでは，鉄筋の疲労限界に対する安全性，とコンクリートの圧縮疲労破壊に対する安全性の両者に対して，検討すること．

ヒント

前問にて求めた等価繰返し数を用いる．最終的な照査は応力レベル（式(4)）にて行うとよい．

付録1. セメント・コンクリートに関する規準・示方書

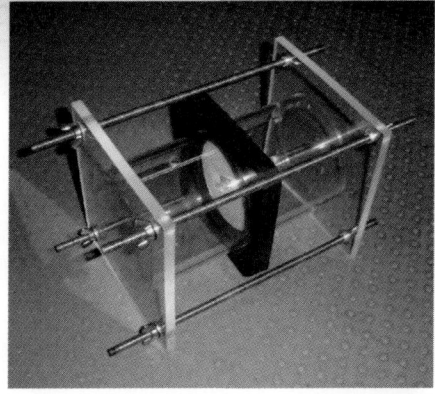

セルの外観

近年,コンクリート中のイオンの移動を評価する方法として,セルを用いた方法が行われている。黒いゴム部分に供試体がセットしてある。

セルによる実験の状況

ミハエリス試験機

第1編の写真にある形状の供試体を,てこの原理を応用して載荷することで,モルタルの引張り強度を測定するための装置。

ミハエリス試験機の載荷部

◆セメント・コンクリート関係の主なJIS

JIS R 5201「セメントの物理的試験方法」
JIS R 5210「ポルトランドセメント」
JIS A 5005「コンクリート用砕石及び砕砂」
JIS A 6201「コンクリート用フライアッシュ」
JIS A 6204「コンクリート用化学混和剤」
JIS A 5308「レディーミクストコンクリート」

◆コンクリート標準示方書（土木学会）

変遷

昭和6年（1931年）「土木学会鉄筋コンクリート標準示方書解説」として刊行．
昭和61年（1986年）限界状態設計法の導入，分冊化（設計編，施工編，ダム編，舗装編，規準編）
平成8年（1996年）耐震設計編の新設
平成13年（2001年）照査型示方書への移行開始，維持管理編の新設

現在（2007年）の示方書の構成
設計編，施工編，維持管理編，ダム編，規準編の5編構成となっている．

◆建築工事標準仕様書・同解説（JASS5）（日本建築学会）

変遷

昭和4年（1929年）「コンクリートおよび鉄筋コンクリート標準仕様書（JASS）」として刊行
昭和28年（1953年）「建築工事標準仕様書（JASS5）」として改定，分冊化
昭和50年（1975年）性能規定の考え方の導入
昭和61年（1986年）耐久性への配慮，特殊コンクリートに関する記述の追加
平成9年（1997年）要求性能の明確化，計画供用期間の設定
平成20年（2009年）超長期耐久性（200年住宅）への対応，環境への配慮，かぶりの規定の明確化，環境負荷低減型材料（エコセメント，再生骨材コンクリート等）の導入

付録1　セメント・コンクリートに関する規準・示方書

◆道路橋示方書・同解説（日本道路協会）

変遷

明治19年（1886年）「国県道の築造保存方法」（内務省訓令第13号），設計荷重の設定

大正15年（1924年）「道路構造に関する細則」（内務省土木局土木主任官会議諮問），橋梁の等級付け

昭和14年（1929年）「鋼道路橋設計示方書案」，「鋼道路橋政策示方書案」（内務省土木局），設計細目の規定

昭和31年（1956年）「鋼道路橋設計示方書」，「鋼道路橋政策示方書」（建設省），T荷重，L荷重の規定

昭和39年（1962年）「鉄筋コンクリート道路橋示方書」（建設省）

昭和43年（1968年）「プレストレストコンクリート道路橋示方書」（建設省）

昭和47年（1972年）これまでの各示方書の統合化

昭和55年（1980年）道路橋示方書・同解説（日本道路協会）

平成6年（1994年）　設計荷重をTL-20からTL-25へ移行

平成14年（2002年）性能規定型の記述の追加

現在の道路橋示方書の構成

「道路橋示方書Ⅰ共通編，Ⅱ鋼橋編」「道路橋示方書Ⅰ共通編，Ⅲコンクリート橋編」「道路橋示方書Ⅳ下部構造編」，「道路橋示方書Ⅴ耐震設計編」

付録2. 構造・設計に用いる記号

大河津分水洗堰（あらいぜき）と信濃川補修工事竣工記念碑の銘文

大正11年に完成した大河津分水路（新潟県分水町,写真下）は,昭和2年6月の洪水時に自在堰が陥没するという災害に見舞われた。この後,当時の土木技術を結集して行われた補修工事により,新たに可動堰が築かれ,昭和6年6月に現在の姿となった。

上の写真は,分水路の補修工事の完工を記念して建てられた記念碑に記されている銘文であり,当時の内務省新潟土木出張所長であった青山 士（あきら）の筆によるものである。

◆一般的な記号の意味

A：断面積
b：幅
c：かぶり
d：有効高さ
E：ヤング係数
F：荷重
f：材料強度
I：断面二次モーメント
l：スパン，定着長
M：曲げモーメント
N：回数，軸方向力
p：鉄筋比
R：断面耐力
S：断面力
s：間隔

u：周長
V：せん断力
w：ひび割れ幅
x：圧縮縁から中立軸までの距離
α：部材軸とのなす角
β：せん断耐力に関する係数
γ：安全係数
δ：変位
ε：ひずみ
ρ：密度
σ：応力度
φ：クリープ係数
ϕ：径
ϕ：曲率
ν：ポアソン比

なお，応力度およびひずみは引張を正とし，圧縮を負とするのが一般的であるが，記号の右上に ′ をつけた場合には，圧縮を意味し，圧縮を正とする．

◆添字の意味

a：支圧，構造解析
b：部材，釣合，曲げ
bo：付着
c：コンクリート，圧縮，クリープ
cr：ひび割れ
d：設計用値
e：有効，換算
f：荷重
g：全断面
k：特性値

m：材料，平均
n：規格値，標準，軸方向
p：PC鋼材，永久，押抜き
r：変動
s：鋼材，鉄筋
t：引張り，ねじり，横方向
u：終局
v：せん断
w：部材腹部
y：降伏

l ：軸方向

荷重および材料強度の特性値を意味する場合は，添字 k を付けて表し，断面力および断面耐力の設計用値を意味する場合は，添字 d を付けて表す．

◆一般的な記号

本書では以下の記号を一般的に用いている．

A_c ：コンクリート断面の面積
A_e ：らせん鉄筋で囲まれたコンクリートの断面積
A_{st} ：柱部材の全軸方向鉄筋の断面積
A_s ：配置される鉄筋断面積または引張側鋼材の断面積
A_{sp} ：らせん鉄筋の断面積
A_{spe} ：らせん鉄筋の換算断面積
A_w ：1組のせん断補強鉄筋の断面積
b ：部材幅
b_w ：部材腹部の幅
c_{min} ：最小かぶり
c_o ：基本のかぶり
c_s ：鋼材の中心間隔
d_{sp} ：らせん鉄筋で取囲まれているコンクリート断面の直径
E_c ：コンクリートのヤング係数
E_s ：鉄筋のヤング係数
e ：偏差量
F ：荷重
F_p ：永久荷重
F_r ：変動荷重
f ：材料強度
f_b ：コンクリートの曲げ強度
f'_c ：コンクリートの圧縮強度
f'_{ck} ：コンクリート圧縮強度の特性値，設計基準強度
f_r ：疲労強度
f_t ：コンクリートの引張強度
f_u ：鋼材の引張強度
f_{wy} ：せん断補強鋼材の降伏強度

f_y ：鉄筋の引張降伏強度
f'_y ：鉄筋の圧縮降伏強度
H ：水平荷重
h ：断面の高さ
I_{cr} ：中立軸以下のコンクリートを無視した断面の換算断面二次モーメント
I_e ：換算有効断面二次モーメント
I_g ：全断面有効の断面二次モーメント
k ：中立軸比
M ：曲げモーメント
M_{cr} ：断面にひび割れが発生する限界の曲げモーメント
M_u ：曲げ耐力
N ：疲労寿命または疲労荷重の等価繰返し回数
N' ：軸方向圧縮力
P_e ：緊張材の有効緊張力
p ：引張鉄筋比
p' ：圧縮鉄筋比
p_w ：軸方向引張鋼材断面積（A_s）の腹部断面積に対する比率，$A_s/b_w d$
R ：断面耐力
R_r ：疲労耐力
S ：断面力
S_e ：ひび割れ幅を検討するための断面力
S_p ：永久荷重による断面力
S_r ：変動荷重による断面力
s_s ：せん断補強鋼材または横方向鉄筋の配置間隔
u ：鉄筋断面の周長，載荷面の周長
u_p ：スラブの押抜きせん断力に対する有効周長で，集中荷重または集中反力の載荷面周長に π_d を加えたもの（ここに，d は有効高さ）
V ：せん断力
V_c ：せん断補強鋼材を用いない部材のせん断耐力
V_{pc} ：面部材の押抜きせん断耐力
V_s ：せん断補強鋼材により受持たれるせん断耐力
V_{wc} ：腹部コンクリートのせん断に対する斜め圧縮破壊耐力
V_y ：せん断耐力
w ：ひび割れ幅

- w_a ：許容ひび割れ幅
- z ：圧縮応力の合力の位置から引張鋼材断面の図心までの距離
- α_s ：せん断補強鉄筋が部材軸となす角度
- β_d ：せん断耐力の有効高さに関する係数
- β_n ：せん断耐力の軸方向圧縮力に関する係数
- β_p ：せん断耐力の軸方向鉄筋比に関する係数
- γ_a ：構造解析係数
- γ_b ：部材係数
- γ_c ：コンクリートの材料係数
- γ_f ：荷重係数
- γ_i ：構造物係数
- γ_m ：材料係数
- γ_s ：鋼材の材料係数
- δ_y ：降伏変位
- ε'_c ：コンクリートの圧縮ひずみ
- ε'_{cu} ：コンクリートの終局圧縮ひずみ
- ε'_{cs} ：コンクリートの収縮ひずみ
- ε'_{csd} ：コンクリートの収縮およびクリープによるひび割れ幅の増加を考慮するための数値
- σ'_{cp} ：永久荷重によるコンクリートの圧縮応力度
- σ'_n ：軸方向圧縮力による作用平均圧縮応力度
- σ_{sc} ：ひび割れ幅を検討するための鉄筋応力度の増加量
- σ_{sp} ：永久荷重による鉄筋応力度の増加量
- τ ：せん断力とせん断応力度
- φ ：コンクリートのクリープ係数

付録3. 計算に用いる異形鉄筋の諸元
（JIS G3112より）

兵庫県南部地震（阪神・淡路大震災）

発　　生： 1995年1月17日（火）午前5時46分
央 地 名： 淡路島（北緯34度36分，東経135度02分）
震　　源： 深さ16km
規　　模： マグニチュード7.2
死　　者： 6430名
負 傷 者： 43782名
全壊家屋： 10万5000棟
半壊家屋： 14万4000棟
　　　　　（一部損壊を含めると51万3000棟）
被害総額： 約10兆円

表1　鉄筋の断面積（mm²）

呼び径 (mm)	単位重量 (kg/m)	公称直径 (mm)	公称断面積 (mm²)	鉄筋本数								
				2本	3本	4本	5本	6本	7本	8本	9本	10本
異形棒鋼 D6	0.249	6.35	31.67	63.3	95	127	158	190	222	253	285	317
D10	0.560	9.53	71.33	143	214	285	357	428	499	571	642	713
D13	0.995	12.7	126.7	253	380	507	633	760	887	1010	1140	1270
D16	1.56	15.9	198.6	397	596	794	993	1190	1390	1590	1790	1990
D19	2.25	19.1	286.5	573	859	1150	1430	1720	2010	2290	2580	2870
D22	3.04	22.2	387.1	774	1160	1550	1940	2320	2710	3100	3480	3870
D25	3.98	25.4	506.7	1010	1520	2030	2530	3040	3550	4050	4560	5070
D29	5.04	28.6	642.4	1290	1930	2570	3210	3850	4500	5140	5780	6420
D32	6.23	31.8	794.2	1590	2380	3180	3970	4770	5560	6350	7150	7940
D35	7.51	34.9	956.6	1910	2870	3830	4780	5740	6700	7650	8610	9570
D38	8.95	38.1	1140	2280	3420	4560	5700	6840	7980	9120	10300	11400
D41	10.5	41.3	1340	2680	4020	5360	6700	8040	9380	10700	12100	13400
D51	15.9	50.8	2027	4050	6080	8110	10100	12200	14200	16200	18200	20300

表2　鉄筋の周長（mm）

呼び (mm)	鉄筋本数									
	1本	2本	3本	4本	5本	6本	7本	8本	9本	10本
異形棒鋼 D6	20	40	60	80	100	120	140	160	180	200
D10	30	60	90	120	150	180	210	240	270	300
D13	40	80	120	160	200	240	280	320	360	400
D16	50	100	150	200	250	300	350	400	450	500
D19	60	120	180	240	300	360	420	480	540	600
D22	70	140	210	280	350	420	490	560	630	700
D25	80	160	240	320	400	480	560	640	720	800
D29	90	180	270	360	450	540	630	720	810	900
D32	100	200	300	400	500	600	700	800	900	1000
D35	110	220	330	440	550	660	770	880	990	1100
D38	120	240	360	480	600	720	840	960	1080	1200
D41	130	260	390	520	650	780	910	1040	1170	1300
D51	160	320	480	640	800	960	1120	1280	1440	1600

表3　鉄筋の機械的性質（JIS G 3112 より抜粋）

	種類の記号	降伏点または0.2%耐力 [N/mm²]	引張強さ [N/mm²]
丸鋼	SR235	235 以上	380～520
	SR295	295 以上	440～600
異形棒鋼	SD295A	295 以上	440～600
	SD295B	295～390	440 以上
	SD345	345～440	490 以上
	SD390	390～510	560 以上
	SD490	490～625	620 以上

索　引

【英文】

AE 剤, 5

FRP シート接着, 57

over-reinforcement, 126, 138

PC, 84
PC 鋼, 5
PC 鋼材, 5
PC 棒鋼, 5

RC, 84

SI 単位, 98
S–N 線図, 186
SRC, 84

under-reinforcement, 126, 138

【和文】

ア行

圧縮縁ひずみ, 123
圧縮強度, 44, 84, 87
圧縮鉄筋の座屈, 90
アラミド繊維, 5
アルカリ骨材反応, 56
アルカリ骨材反応対策, 34
アルミナセメント, 4
アルミネート相, 4

安全係数, 111
安定性, 4

異形鉄筋, 5, 87, 95
維持管理編, 85

ウェブ圧縮破壊, 154
ウェブせん断ひび割れ, 154
打込み, 35
打込み速度, 40
打継ぎ, 41
海砂, 4
運搬, 35

エーライト, 4
塩害, 56
塩化物イオン量, 34
円柱供試体, 100
エントラップトエア, 27, 29
エントレインドエア, 27, 29

応力, 95, 96
応力振幅, 186
押抜きせん断, 156
帯鉄筋柱, 140
温度制御養生, 35

カ行

化学的侵食・溶脱, 56
下限荷重, 186

加工, 42
荷重係数, 111
型枠, 40
型枠工, 34
割裂試験, 103
過鉄筋, 126
かぶり, 91
かぶりコンクリート, 140
ガラス繊維, 5
乾燥, 108
乾燥収縮, 45, 88
寒中コンクリート, 68

気乾状態, 5
凝結, 4
許容応力設計法, 85
許容応力度設計法, 110
許容ひび割れ幅, 114

空気中乾燥状態, 5
空気量, 16
組立て, 42
クリープ, 45, 88

けい酸カルシウム水和物, 4
計量誤差, 39
軽量骨材, 4
軽量骨材コンクリート, 70
限界状態設計法, 85, 110, 124
検査, 34
減水剤, 5
現場配合, 16

コアコンクリート, 140
高強度コンクリート, 70
高性能 AE 減水剤, 5
高性能減水剤, 5
鋼繊維, 5
鋼繊維補強コンクリート, 104
構造解析係数, 111
構造細目, 111
構造性能照査編, 85, 117
構造物係数, 111
拘束応力, 87
鋼板巻立て, 57

降伏強度, 84, 87
降伏値, 32
鉱物質微粉末, 12
高流動コンクリート, 69
高炉スラグ微粉末, 5
高炉セメント, 4
コンクリート, 95
コンクリート標準示方書, 85, 113, 198
コンクリ, 6
混合セメント, 4
コンシステンシー, 26
鋼繊維補強コンクリート, 69
混和剤, 5
混和材, 5

サ行

再アルカリ化工法, 57
細骨材, 4
細骨材率, 16
細骨材率 s/a, 16
砕砂, 4
最小鉄筋比, 130
再振動, 35
再生骨材, 4
砕石, 4
最大寸法, 5
最大鉄筋比, 130
材料係数, 111
材料分離, 26, 30
座屈の回避, 84

支圧強度, 44
自己収縮, 45
湿潤状態, 5
湿潤養生, 35
実積率, 12
示方配合, 16, 20
支保工, 34, 40
締固め, 35, 41
終局強度設計法, 85
終局限界, 110
終局曲げ耐力, 121
収縮, 4, 87
重量骨材, 4

索　引

上限応力, 186
使用限界, 110
照査式, 110
初期応力, 84
暑中コンクリート, 68
シリカセメント, 4
シリカフューム, 5

水酸化カルシウム, 4
水中コンクリート, 68
スラグ骨材, 4
スランプ, 16, 34
すりへり, 57
すりへり抵抗性, 5

静弾性係数, 45
性能規定, 111
性能照査, 111
性能照査型設計法, 85
石灰石微粉末, 5
絶乾状態, 5
絶対乾燥状態, 5
セメントペースト, 6
セメントモルタル, 6
せん断圧縮破壊, 154
せん断応力, 32
せん断強度, 44
せん断スパン有効高さ比 (a/d), 160
全断面有効, 114, 122
線膨張係数, 46, 85, 87
セメント水比, 20

早強ポルトランドセメント, 4
粗骨材, 4
粗骨材の最大寸法, 16, 34
塑性粘度, 32

タ行

耐火性, 85
耐久性, 56, 85
耐震性能照査編, 85, 117
耐震補強, 57
脱塩工法, 57
単位水量, 16, 22, 31
単位セメント量, 16

単位容積質量, 5, 12
弾性解析（RC 断面）, 131
弾塑性材料, 84
炭素繊維, 5
単鉄筋長方形断面, 137
単鉄筋長方形断面の終局曲げ耐力, 123
断面修復, 57

中心軸圧縮, 140
中性化, 56
柱部材, 91
超速硬セメント, 4
沈降収縮, 29

釣合鉄筋比, 132
釣合破壊, 142

鉄骨, 5
鉄筋格子, 5
鉄筋コンクリート, 84, 86
鉄筋の継手, 111
鉄筋の定着, 111
鉄筋の腐食, 90
鉄骨鉄筋コンクリート, 84, 86
電気化学的防食, 57
電気防食工法, 57
電食, 57
電着工法, 57

凍害, 57
等価応力ブロック, 123
動弾性係数, 45
トラス作用, 155

ナ行

斜め引張破壊, 154

抜取り検査, 34, 39

ハ行

配合, 16
配合修正, 19
配合設計, 18, 85
パイプクーリング, 35, 68
破壊包絡線, 142
はね返り率, 69

ひずみ, 95, 96
ひずみ速度, 32
引張強度, 44, 84, 88, 96
引張軟化特性, 69
引張ひび割れ, 84
ビニロン繊維, 5
ひび割れ, 85
ひび割れ幅 w, 172
表乾状態, 5
表面乾燥飽水状態, 5
表面水率, 20
表面塗装, 57
ビーライト, 4
疲労限界, 110
疲労寿命, 186
疲労破壊, 186

フィニッシャビリティー, 26
フェライト相, 4
吹付けコンクリート, 69
複合材料力学, 97
複鉄筋断面, 130
部材係数, 111
腐食防止, 84
付着強度, 44, 96
普通ポルトランドセメント, 4
フライアッシュ, 5
フライアッシュセメント, 4
プラスティシティー, 26
ブリーディング, 26, 30
フリーデル氏塩, 59
プレクーリング, 35, 68
プレストレス, 89
プレストレストコンクリート, 84, 86
プレテンション方式, 89
プレパックドコンクリート, 68
粉末度, 4

平面保持の仮定, 123
偏心軸圧縮, 140

ポアソン比, 98
防せい剤, 5
膨張コンクリート, 70

膨張材, 12
膨張セメント, 4
ボールベアリング効果, 29
補強鋼材, 84
ポストテンション方式, 89, 134
ポゾラン, 12
ポルトランドセメント, 4
ポンパビリティー, 70
ポンプ圧送, 41

マ行
曲げ強度, 44, 88, 96
曲げせん断ひび割れ, 154
曲げ破壊, 114
曲げ破壊安全度, 124
曲げひび割れ強度, 96, 99
曲げモーメント, 121
増打ち, 57
マスコンクリート, 68
丸鋼, 5, 103

水セメント比 W/C, 16
水セメント比, 20
密度, 4, 5

モノサルフェート, 4

ヤ行
山砂, 4
ヤング係数, 95
ヤング係数比, 91

有効曲げ剛性, 173
養生, 35, 37, 40
溶接金網, 5
呼び強度, 34

ラ行
らせん鉄筋柱, 140
立体障害作用, 13
粒度, 5
流動化剤, 5
流動曲線, 32
流動速度, 32
リラクセーション, 88

レイタンス, 27, 29
レオロジー, 32
レディーミクストコンクリート, 8, 34, 36

ワ行
ワーカビリティー, 26, 70

Memorandum

Memorandum

著者紹介

吉川弘道（よしかわ　ひろみち）
- 1975年　早稲田大学理工学部土木工学科卒業
- 1975年　（株）間組技術研究所勤務
- 1989年　武蔵工業大学工学部講師
- 1992年　同助教授
- 1992-93年　コロラド大学土木建築環境学科客員教授
- 現　在　東京都市大学工学部都市工学科教授・工学博士
- 主　著　「鉄筋コンクリートの解析と設計―限界状態設計法の考え方と適用」（丸善）
　　　　「鉄筋コンクリート構造物の耐震設計と地震リスク解析」（丸善）

井上　晋（いのうえ　すすむ）
- 1982年　京都大学工学部交通土木工学科卒業
- 1984年　京都大学大学院工学研究科修士課程修了
- 1984年　京都大学工学部助手
- 1994年　同講師
- 1995年　大阪工業大学工学部助教授
- 現　在　大阪工業大学工学部都市デザイン工学科教授・博士（工学）

久田　真（ひさだ　まこと）
- 1990年　（株）鴻池組
- 1991年　東京工業大学 助手
- 1999年　新潟大学 助教授
- 2002年　（独）土木研究所 主任研究員
- 2003年　新潟大学講師（併任）
- 2005年　新潟大学 助教授
- 2005年　東北大学大学院工学研究科 助教授
- 2007年　東北大学大学院工学研究科 准教授
- 現　在　東北大学大学院工学研究科 教授・博士（工学）

栗原哲彦（くりはら　のりひこ）
- 1994年　岐阜大学工学部助手
- 1995年　武蔵工業大学工学部助手
- 1999年　同講師
- 2005年　同助教授
- 現　在　東京都市大学工学部都市工学科准教授・博士（工学）

土木練習帳 ― コンクリート工学 ―

2003年 5 月15日　初版 1 刷発行
2021年 5 月15日　初版 6 刷発行

著　者　吉川弘道，井上　晋
　　　　久田　真，栗原哲彦　©2003
発行者　南條光章
発　行　共立出版株式会社
　　　　東京都文京区小日向4-6-19
　　　　電話(03)3947局2511番（代表）
　　　　〒112-0006/振替口座00110-2-57035番
　　　　URL www.kyoritsu-pub.co.jp
印　刷　株式会社 啓文堂
製　本　協栄製本

一般社団法人
自然科学書協会
会員

検印廃止
NDC511.7
ISBN978-4-320-07408-8

Printed in Japan

■土木工学関連書

http://www.kyoritsu-pub.co.jp/　**共立出版**

測量用語辞典	松井啓之輔編著
土木職公務員試験 過去問と攻略法	山本忠幸他著
工学基礎 固体力学	園田佳巨他著
基礎 弾・塑性力学	大塚久哲著
詳解 構造力学演習	彦坂 熙他著
静定構造力学 第2版	髙岡宣善著／白木 渡改訂
コンクリート工学の基礎 建設材料 コンクリート:改訂・改題	村田二郎他著
土木練習帳 コンクリート工学	吉川弘道他著
鉄筋コンクリート工学	加藤清志他著
鉄筋コンクリート工学 訂正2版	横道英雄他著
土質力学の基礎	石橋 勲他著
水理学入門	真野 明他著
わかりやすい水理学の基礎	水村和正著
水理学 改訂増補版	小川 元他著
移動床流れの水理学	関根正人著
流れの力学	澤本正樹著
河川工学	篠原謹爾著
復刊 河川地形	高山茂美著
水文学	杉田倫明訳
水文科学	杉田倫明他編著
ウォーターフロントの計画ノート	横内憲久他著
新編 海岸工学	椹木 亨他著
道路の計画とデザイン	樗木 武他著
交通バリアフリーの実際	高田邦道編著
都市の交通計画	交通計画システム研究会著
土木計画序論	長尾義三著
よく知ろう 都市のことを	樗木 武他著
新・都市計画概論 改訂2版	加藤 晃他著
風景のとらえ方・つくり方	小林一郎監修
測 量 第2版	駒村正治他著
測量学 Ⅰ	松井啓之輔著
測量学 Ⅱ	松井啓之輔著
測量学 [基礎編] 増補版	大嶋太市著
測量学 [応用編]	大嶋太市著
新編 橋梁工学	中井 博他著
例題で学ぶ橋梁工学 第2版	中井 博他著
対話形式による橋梁設計シミュレーション	中井 博他著
鋼橋設計の基礎	中井 博他著
インフラ構造物入門	北田俊行編著
実践 耐震工学	大塚久哲著
震災救命工学	高田至郎他著
津波と海岸林 バイオシールドの減災効果	佐々木 寧他著
都市の水辺と人間行動	畔柳昭雄他著
東京ベイサイドアーキテクチュア ガイドブック	畔柳昭雄他著
環境システム	土木学会環境システム委員会編
海洋環境学	佐久田昌昭他著
水環境工学	川本克也他著
環境地下水学	藤縄克之著
地盤環境工学	嘉門雅史他著
入門 環境の科学と工学	川本克也他著
環境教育	横浜国立大学教育人間科学部環境教育研究会編
環境情報科学	村上篤司他著
ハンディー版 環境用語辞典 第3版	上田豊甫他編